U0159744

高职高专电子信息类课改系列教材

电子技术基本技能实训

熊建平　编

西安电子科技大学出版社

内 容 简 介

本书共 7 章,分别为常用电子元器件简介、点亮发光二极管、停车场计数显示电路、简易电子琴、七彩炫光五角星流水灯、电子幸运转盘、智能循迹小车。

本书不仅介绍了常用电子元器件的识别与使用方法,而且设置了电子技术基本技能训练,通过理论与实践、硬件电路与虚拟仿真电路相结合的方式,培养学生的电子技术基本素养、电路图读图能力及电子技术应用能力。另外,本书配有习题和题库,并附有参考答案,便于师生参考。

本书应用性较强,注重实践与技能的培养,可作为高等职业院校电子信息类、机电类、汽车类等相关专业以及职工大学、函授大学、电视大学的电类教材,也可供相关专业的工程人员或感兴趣的读者参考使用。

图书在版编目(CIP)数据

电子技术基本技能实训 / 熊建平编. --西安:西安电子科技大学出版社,2023.8
(2024.1 重印)
ISBN 978 - 7 - 5606 - 6985 - 4

Ⅰ. ①电… Ⅱ. ①熊… Ⅲ. ①电子技术 Ⅳ. ①TN

中国国家版本馆 CIP 数据核字(2023)第 147614 号

策 划　毛红兵
责任编辑　毛红兵
出版发行　西安电子科技大学出版社(西安市太白南路 2 号)
电 话　(029)88202421　88201467　　邮 编　710071
网 址　www. xduph. com　　　　电子邮箱　xdupfxb001@163. com
经 销　新华书店
印刷单位　陕西天意印务有限责任公司
版 次　2023 年 8 月第 1 版　2024 年 1 月第 2 次印刷
开 本　787 毫米×1092 毫米　1/16　印张　9.75
字 数　228 千字
定 价　29.00 元
ISBN 978 - 7 - 5606 - 6985 - 4 / TN

XDUP 7287001 - 2

前　言

　　电子技术基本技能实训是一门科学与工程实践类通识课程，也是 5G 和 AI 技术领域的核心基础课程。本书以电子技术的知识传递、技能提升、思维训练和任务制作为目的，旨在培养学生的电子技术基本素养、电路图读图能力、电子技术应用能力，尤其是不同的职业岗位所需要的带有普遍性的电子技术信息处理能力、问题解决能力和应用能力，为后续课程打下坚实的基础，并为后续工程实践类课程奠定一定的操作技能。

　　本书共分为 7 章。第 1 章主要介绍了常用电子元器件，如电阻、电容、二极管、三极管、数码管、集成电路等，同时还介绍了面包板、万能板、PCB 使用常识及常用仪器仪表的使用方法；第 2 章以点亮发光二极管为例，详细介绍了面包板搭接电路和万能板焊接电路的制作流程；第 3 章介绍了停车场计数显示电路的制作、测试和虚拟仿真；第 4 章介绍了简易电子琴电路的制作、测试和虚拟仿真；第 5 章介绍了七彩炫光五角星流水灯电路的制作、测试和虚拟仿真；第 6 章介绍了电子幸运转盘电路的制作、测试和虚拟仿真；第 7 章介绍了智能循迹小车电路的制作、测试和虚拟仿真。附录 A 为 Proteus 软件的基本使用方法，附录 B 为习题参考答案，附录 C 为《电子技术基本技能实训》题库。

　　本书内容体系安排灵活，侧重电子技术基本技能训练，将理论与实践、虚拟仿真与硬件制作相结合，突出"教、学、做"合一的教学理念，既可以按照传统的先讲解理论知识，再进行电路虚拟仿真，最后完成硬件制作的方式进行教学，也可以先进行电路虚拟仿真和硬件制作，从中引出相关的理论知识，激发学生的学习兴趣，继而开展理论教学，保证理论教学与实践教学同步进行。

　　本书选材恰当，可满足工程实践类通识课程的教学要求，且侧重电子技术基本技能训练，选取了日常生活中趣味性强的实训项目供读者选用。在完成实训项目之后，读者可选用 Proteus 软件对硬件实训进行虚拟仿真，做到虚实结合，加强对课程的理解。书中不少章节都设有小知识栏目，对读者难理解、易出错的地方给予温馨提示。为了和使用的 Proteus 软件的仿真结果保持一致，书中的部分变量、单位和元器件符号未采用国标，请读者阅读时留意。

本书学时数为 24～32，具体安排如下：第 1 章 4～6 学时；第 2 章 2 学时；第 3 章 4～6 学时；第 4 章 4～6 学时；第 5 章 4 学时；第 6 章 2 学时；第 7 章 4～6 学时，使用者可根据具体情况增减学时。

本书由深圳职业技术大学电子技术教研室老师负责编写，其中熊建平编写第 1 章中 1.1、1.2、1.3、1.5、1.7、1.12 节，第 4～7 章以及附录部分，并负责全书的总体策划、电路图的绘制及统稿工作；何惠琴编写第 2 章；王瑾编写第 3 章；陈瑛编写第 1 章中的 1.4 和 1.6 节；董宁编写第 1 章中的 1.8 和 1.9 节；刘飞编写第 1 章中 1.10 和 1.11 节；陶健贤对本书所有面包板实训进行了电路搭接；朱什俊对本书的图片进行了优化处理。

本书在编写过程中得到了深圳职业技术大学电子技术教研室全体教师、广州市风标电子技术有限公司以及西安电子科技大学出版社毛红兵的大力帮助，在此向为本书出版作出贡献的朋友们表示衷心的感谢。

由于编者水平有限，书中可能存在一些疏漏和不妥之处，恳请广大读者积极提出批评和改进意见。本书配有所有的硬件实训电路板套件，如有需要可联系作者（电子邮箱：jpxiong@szpt.edu.cn）。

编 者

2023 年 6 月于深圳

电子技术基本技能实训

课程宣传片

目　录

第1章
常用电子元器件简介

学习目标

（1）掌握电阻、电容、二极管、三极管、半导体数码管、集成电路等常用电子元器件的图形符号、单位、外观、识别等。

（2）掌握面包板、万能板、剥线钳、斜口钳和镊子等常用工具的使用方法。

（3）掌握 PCB 使用常识及 PCB 手工焊接技术。

（4）掌握数字式万用表和直流稳压电源等常用仪器仪表的使用方法。

电子产品主要是由各类电子元器件组成的。常用电子元器件包括电阻、电容、二极管、三极管、半导体数码管、集成电路等。本章将详细介绍常用电子元器件的符号、单位、外观、识别方法等，同时介绍面包板、万能板、剥线钳、斜口钳和镊子的使用方法，PCB 的使用常识和焊接技术，万用表及直流稳压电源的使用方法等。

电阻的使用常识

1.1　电　阻

电阻器（Resistor）简称电阻，是电路中常用的电子元器件之一，也是电路中用得最多的电子元器件，通常用字母"R"表示。

1. 电阻的图形符号

电阻种类较多，电路中常见电阻的图形符号如表 1.1 所示。

表 1.1　常见电阻的图形符号

一般电阻	可调电阻	光敏电阻	压敏电阻	热敏电阻
▭	⬦	⬦	⬦ U	⬦ θ

2. 电阻的单位

电阻的国际制单位是欧姆（Ω）。常用电阻的单位还有千欧（kΩ）、兆欧（MΩ），它们之间

的换算关系为

$$1 \text{ M}\Omega = 10^3 \text{ k}\Omega = 10^6 \text{ }\Omega$$

 小 知 识

在电子学中，用于构成十进倍数和分数单位的词头如表 1.2 所示。

表 1.2　用于构成十进倍数和分数单位的词头

所表示的因数	10^{12}	10^9	10^6	10^3	10^{-3}	10^{-6}	10^{-9}	10^{-12}
词头符号	T	G	M	k	m	μ	n	p
词头名称	太	吉	兆	千	毫	微	纳	皮

3. 电阻的实物图

电阻的种类繁多，按电阻的工作特性和在电路中的作用，可分为固定电阻和可调电阻两大类；按电阻的外观形状，可分为圆柱形电阻、纽扣电阻和贴片电阻等；按电阻的制作材料，可分为线绕电阻、膜式电阻、碳质电阻等；按电阻的用途，可分为精密电阻、高频电阻、高压电阻、大功率电阻、热敏电阻、湿敏电阻、光敏电阻、压敏电阻等。常见电阻实物图如图 1.1 所示。

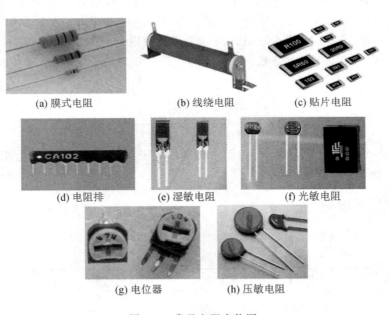

(a) 膜式电阻　　　　　(b) 线绕电阻　　　　　(c) 贴片电阻

(d) 电阻排　　　(e) 湿敏电阻　　　　(f) 光敏电阻

(g) 电位器　　　　　(h) 压敏电阻

图 1.1　常见电阻实物图

4. 电阻的标示方法

为了便于生产，同时满足实际使用的需要，人们规定了一系列数值作为电阻的标称值。

电阻的标称值分为 E6、E12、E24、E48、E96、E192 六大系列，分别适用于允许偏差（即允许误差）为 ±20%、±10%、±5%、±2%、±1% 和 ±0.5% 的电阻。电阻的标称值和允许偏差一般都标在电阻上，常用的标示方法分为下列四种。

1）直标法

对于一些体积较大的电阻，其阻值、功率等直接标示在电阻的表面，如图 1.2 所示。图中第一个电阻的阻值为 10 Ω，功率为 2 W，允许偏差为 ±5%；第二个电阻的阻值为 10 Ω，功率为 1 W，允许偏差为 ±5%。

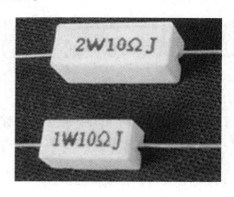

图 1.2　电阻的直标法

2）文字符号法

文字符号法是指用阿拉伯数字和文字符号两者有规律的组合来表示电阻的阻值，其允许偏差用文字符号表示：B(±0.1%)、C(±0.25%)、D(±0.5%)、F(±1%)、G(±2%)、J(±5%)、K(±10%)、M(±20%)、N(±30%)。为了防止小数点在印刷不清的情况下引起误解，采用这种标示方法的电阻体上通常没有小数点，而是将小于 1 的数值放在英文字母后面。如 3R3K 电阻的阻值为 3.3(1±10%)Ω，4K7J 电阻的阻值为 4.7(1±5%)kΩ。

3）数字法

数字法是指用三位阿拉伯数字来表示电阻的阻值，其中前两位表示有效数字，第三位表示倍乘数。如 101 表示电阻的阻值为 $10 \times 10^1 = 100$ Ω，223 表示电阻的阻值为 $22 \times 10^3 = 22$ kΩ。

4）色环法

色环法指的是用不同颜色的色环表示电阻的阻值和允许误差，各环颜色代表的意义如表 1.3 所示。

表 1.3　色环电阻中各环颜色代表的意义

颜色	棕	红	橙	黄	绿	蓝	紫	灰	白	黑	金	银	本色
值	1	2	3	4	5	6	7	8	9	0	±5%	±10%	±20%

色环法多用于小功率的电阻，特别是 0.5 W 以下的金属膜和碳膜电阻，它们可分为四环电阻和五环电阻两种。四环电阻表示法的前两位表示有效数字，第三位表示倍乘数，第四位表示允许误差。五环电阻表示法的前三位表示有效数字，第四位表示倍乘数，第五位

表示允许误差。四环和五环电阻色环的意义如图 1.3 所示。

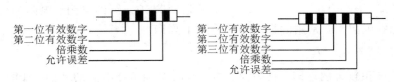

第一位有效数字
第二位有效数字
倍乘数
允许误差

第一位有效数字
第二位有效数字
第三位有效数字
倍乘数
允许误差

图 1.3　色环的意义

例 1.1　试分析图 1.4 所示四环电阻的阻值。

棕 黑 红 金　　　　　　　红 黑 棕 金

(a)　　　　　　　　　　　(b)

图 1.4　四环电阻的识别

解　(1) 从图 1.4(a)可知，四环电阻四个色环颜色分别为棕、黑、红、金，根据表 1.3 可得，棕(1)，黑(0)，红(2)，金($\pm 5\%$)，故此电阻的阻值为 $10 \times 10^2 (1 \pm 5\%)\Omega$，即 $(1 \pm 5\%)k\Omega$；

(2) 从图 1.4(b)可知，四环电阻四个色环颜色分别为红、黑、棕、金，根据表 1.3 可得，红(2)，黑(0)，棕(1)，金($\pm 5\%$)，故此电阻的阻值为 $20 \times 10^1 (1 \pm 5\%)\Omega$，即 $200(1 \pm 5\%)\Omega$。

此外，五环电阻通常为精密电阻，读数与四环电阻类似，误差等级有棕色($\pm 1\%$)、红色($\pm 2\%$)、绿色($\pm 0.5\%$)、蓝色($\pm 0.2\%$)、紫色($\pm 0.1\%$)五个误差等级。

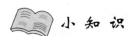 小 知 识

> 　　在识别四环电阻时，若金色或银色处于第三环，则金色表示 $\times 10^{-1}$，银色表示 $\times 10^{-2}$。如四环电阻色环颜色分别为棕、黑、金、金，则该四环电阻的阻值为 $10 \times 10^{-1}(1 \pm 5\%)\Omega$，即 $(1 \pm 5\%)\Omega$。

5. 电阻的作用

电阻是电路中使用最为普遍的一个电子元器件，它的主要功能就是分压限流，起保护作用。另外，电阻的基本特性就是消耗电能。当电阻通过电流时，电阻就会消耗电能发热。

1.2　电　容

电容器(Capacitor)简称电容，是组成电子电路的主要元器件之一，可以简单地理解为电容器就是存储电荷的容器，通常用字母"C"表示。

电容的使用常识

1．电容的图形符号

电容种类较多，电路中常见电容的图形符号如表 1.4 所示。

表 1.4　常见电容的图形符号

普通电容	极性/电解电容	可调电容	预调电容
—||—	—||—	⟍⟋	⟍⟋

2．电容的单位

电容的国际制单位是法拉(F)，但实际上法拉不是一个常用的单位。常用的电容单位有毫法(mF)、微法(μF)、纳法(nF)、皮法(pF)，它们之间的换算关系为

$$1F = 10^3 \ mF = 10^6 \ \mu F = 10^9 \ nF = 10^{12} \ pF$$

3．电容的实物图

电容的种类很多，从极性上可分为无极性电容和有极性电容；从材料上可分为 CBB(聚乙烯)电容、涤纶电容、瓷片电容、独石电容、电解电容等；从介质上可分为陶瓷电容、云母电容、纸质电容、薄膜电容等；从结构上可分为固定电容、预调电容、可调电容等。图 1.5 所示为常见电容实物图。

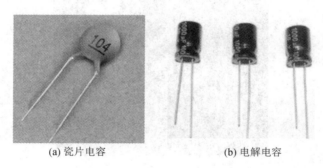

(a) 瓷片电容　　　　　(b) 电解电容

图 1.5　常见电容实物图

 小 知 识

　　在常见的电容器当中，瓷片电容属于无极性电容，电解电容属于有极性电容。电解电容中较长的引脚为电容正极，较短的引脚为电容负极。

4．电容的标示方法

电容的主要参数一般标示在电容体上，其标示方法与电阻的基本类似，主要有直标法、文字符号法、数字法和色环法。

1）直标法

对于体积大的电容器，如电解电容，其电容值和耐压值均直接标示在电容体上，即直标法。如图 1.6 所示的电解电容，其电容值为 1000 μF，耐压值为 25 V。

图 1.6　电容的直标法

2）文字符号法

文字符号法是指用数字和单位符号有规律地组合来表示电容量，单位符号既代表小数点的位置，又代表电容的单位。如 u22 表示电容值为 0.22 μF，4p7 表示电容值为 4.7 pF。

例 1.2　试分析图 1.7 所示电容的大小。

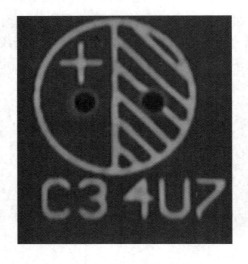

图 1.7　电解电容的识别

解　该电容为电解电容，采用文字符号法标示，故 4U（即 u）7 表示电容值为 4.7 μF。

3）数字法

对于小容量和体积较小的电容器，常用数字法标示。数字法用三位阿拉伯数字表示电容值，其中前两位表示有效数字，第三位表示倍乘数，单位是 pF。如 104 表示电容值为 10×10^4 pF $= 10^5$ pF $= 0.1$ μF。

例 1.3　试分析图 1.8 所示电容的大小。

解　该电容为陶瓷电容，属于无极性电容，采用数字法标示，故 224 表示电容值为 22×10^4 pF $= 0.22$ μF，205 表示电容值为 20×10^5 pF $= 2$ μF。

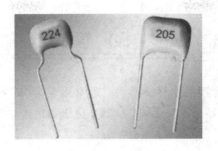

图 1.8　陶瓷电容的识别

 小 知 识

在使用数字法标示电容时，如果第三位数字是 9，则表示倍乘数为 $\times 10^{-1}$。如电容体上标示 479，则电容值为 47×10^{-1} pF＝4.7 pF。

4）色环法

色环法是对小型圆柱状电容进行标注的方法，与色环电阻使用方法基本相同。色环电容的颜色表示耐压值。表 1.5 为各种颜色表示的耐压值。

表 1.5　色环电容耐压值颜色对照表

颜色	黑	棕	红	橙	黄	绿	蓝	紫	灰
耐压值/V	4	6.3	10	16	25	32	40	50	63

例 1.4　试分析图 1.9 所示色环电容的大小。

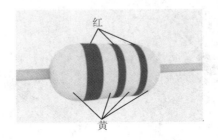

图 1.9　色环电容的识别

解　该电容为色环电容，三环颜色均为红色，对应的三位数字为 222，则该色环电容的大小为 22×10^2 pF＝2200 pF。色环电容的电容体颜色为黄色，根据表 1.5 可知，该色环电容的耐压值为 25 V。因此，该色环电容的参数为 2200 pF/25 V。

5. 电容的作用

电容器在电路中的作用比较广泛，不同种类的电容器其作用也不同。在电源电路中，电容主要用于旁路、去耦、滤波和储能；在信号电路中，电容主要用于耦合、振荡和控制时间常数。

1.3 二极管

二极管(Diode)是一种常用的半导体器件，通常用字母"D"或"VD"表示。由于二极管的结构特点，它可以在电路中起整流、开关、检波、稳压、变容等作用，因此广泛应用于各种电路中。

1. 二极管的图形符号

二极管的种类较多，对应的图形符号也较多，但是一般二极管的图形符号都会表示二极管的正、负特性。表 1.6 所示为常见二极管的图形符号。

二极管的
使用常识

表 1.6　常见二极管的图形符号

普通二极管	稳压二极管	发光二极管	光敏二极管	变容二极管
▷⊢	▷⊢	▷⊢	▷⊢	⊣⊢▷⊢

2. 二极管的实物图

二极管的制作材料主要是硅(Si)和锗(Ge)，这两种材料都属于半导体材料。半导体材料是指常温下导电性能介于导体和绝缘体之间的材料，其具有独特的性质。图 1.10 所示为常见二极管实物图。

(a) 整流二极管　　　　　(b) 开关二极管

图 1.10　常见二极管实物图

 小 知 识

　　如何从外观上辨别二极管的正、负极？一般来说，二极管的负极印有黑色或银色的圆环，正极则没有。

3. 二极管的特性

二极管的主要特性为单向导电性，即二极管阳极接电源正极，阴极接电源负极时，二极管导通，称为正偏，如图 1.11(a)所示。当二极管阳极接电源负极，阴极接电源正极时，二极管截止，称为反偏，如图 1.11(b)所示。硅二极管的死区电压约为 0.5 V，导通工作电压约为 0.7 V，锗二极管的死区电压约为 0.1 V，导通工作电压约为 0.3 V。

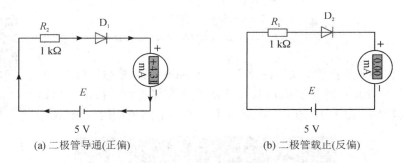

(a) 二极管导通(正偏)　　　　　　　(b) 二极管载止(反偏)

图 1.11　二极管正偏和反偏

4. 二极管的检测

1) 用数字万用表判断二极管的好坏

选择数字万用表中的二极管挡，用表笔分别接触二极管两端，对调表笔再接触一次，若两次测出的压降分别为 0.6 V 左右和无穷大，则表明该二极管具有良好的单向导电性，是好管；若两次测出的压降都接近于 0，则表明该二极管已被击穿；若两次测出的压降都为无穷大(万用表屏幕最高位显示为"1")，则表明该二极管已开路损坏。

2) 用数字万用表判断二极管的极性

在判断出二极管好坏的基础上，再次检测。当测得二极管两端压降为 0.6 V 左右时，红表笔所接引脚为二极管的正极，黑表笔所接引脚为二极管的负极。

5. 发光二极管

发光二极管(简称 LED)是一种特殊的二极管，可将电能转化为光能，主要由镓(Ga)、砷(As)、磷(P)、氮(N)等化合物制成。LED 通过内部电子与空穴复合释放能量发光，如砷化镓二极管发红光，磷化镓二极管发绿光，碳化硅二极管发黄光，氮化镓二极管发蓝光等。发光二极管实物图图形如图 1.12 所示。

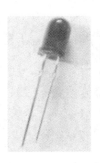

图 1.12　发光二极管实物图

LED 在电路及仪器仪表中主要作为指示灯使用,或者组成文字或数字显示。LED 也广泛应用于照明领域。与传统灯具相比,LED 具有节能、环保、显色性与响应速度好等优势。

1.4 三 极 管

三极管全称晶体三极管,又称晶体管(Transistor),通常用字母"T"或"VT"表示。三极管是一种具有电流放大功能的半导体器件,在电子电路中有着广泛的应用。图 1.13 中圈出的就是电子产品电路板中的三极管。

三极管的使用常识

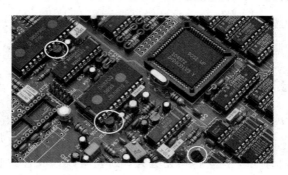

图 1.13　电子产品电路板中的三极管

1. 三极管的结构与类型

图 1.14(a)所示为 NPN 三极管的结构示意图。从结构上来说,三极管由不同掺杂类型和浓度的发射区、基区及集电区组成,在这些区的交界处会形成两个 PN 结,即发射结和集电结。若将这两个 PN 结封装起来,并从每个区引出一根引线,便构成了一个三极管,这三根引线分别叫作三极管的发射极 E(Emitter)、基极 B(Base)和集电极 C(Collector)。三极管的结构特点是发射区掺杂浓度最高,基区掺杂浓度最低且最薄,集电区掺杂浓度较低且集电结面积比发射结面积大。NPN 三极管的图形符号如图 1.14(b)所示。图形符号中,发射极引脚上都有一个箭头,箭头朝外的是 NPN 三极管,箭头所指方向实际上是发射极电流的方向;基极和集电极引脚的电流方向与发射极引脚的电流方向正好相反。

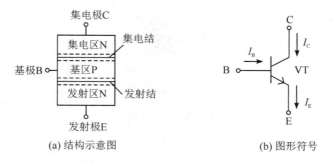

(a) 结构示意图　　　　　　　　(b) 图形符号

图 1.14　NPN 三极管的结构示意图及图形符号

PNP 三极管的结构示意图及图形符号如图 1.15 所示,与 NPN 三极管完全对应,因此它们的工作原理和特性也是对应的，但是各个电极的电压极性和电流方向刚好相反。因此，在 PNP 三极管图形符号中，发射极引脚上的箭头是朝内的，发射极电流也是流入的。

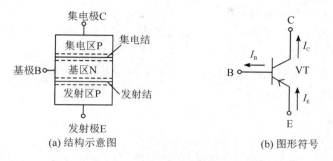

(a) 结构示意图　　　　　　　(b) 图形符号

图 1.15　PNP 三极管的结构示意图及图形符号

 想一想

对于 NPN 和 PNP 三极管，三极管的三个电流 I_B、I_C、I_E 满足怎样的关系式？

2. 三极管的实物图

三极管按制作材料的不同，可分为硅三极管和锗三极管；按结构的不同，可分为 NPN 三极管和 PNP 三极管；按功率的不同，可分为小、中、大功率三极管。此外，还有贴片三极管等。下面对部分三极管进行简要介绍。

（1）小功率三极管。通常情况下，集电极最大允许耗散功率 P_{CM} 在 1 W 以下的三极管称为小功率三极管，如图 1.16（a）所示。本书实训中使用的 8050（NPN 三极管）和 8550（PNP 三极管）均属于小功率三极管。

(a) 金属封装和塑料封装的小功率三极管　　(b) 塑料封装的中功率三极管

(c) 金属封装的中功率三极管　　　(d) 金属封装和塑料封装的大功率三极管

(e) 贴片三极管

图 1.16　常见三极管实物图

（2）中功率三极管。通常情况下，集电极最大允许耗散功率 P_{CM} 在 $1\sim10$ W 的三极管称为中功率三极管，如图 1.16（b）和图 1.16（c）所示。中功率三极管主要用于驱动和激励电路中，为大功率放大器提供驱动信号。

（3）大功率三极管。通常情况下，集电极最大允许耗散功率 P_{CM} 在 10 W 以上的三极管称为大功率三极管，如图 1.16（d）所示。

（4）贴片三极管。采用表面贴装技术（Surface Mounted Technology，SMT）的三极管称为贴片三极管，如图 1.16（e）所示。

 小 知 识

> 贴片三极管有三个引脚的，也有四个引脚的。在四个引脚的三极管中，比较大的一个引脚是集电极，两个相通的引脚是发射极，另一个引脚是基极。

3．三极管在电路中的作用

（1）三极管在模拟电子技术领域中主要起放大作用，此时三极管工作在放大区，能以基极电流微小的变化量来控制集电极电流较大的变化量，即 $I_C=\bar{\beta}I_B$，其中 $\bar{\beta}$ 称为三极管直流电流放大倍数。

（2）三极管在数字电子技术领域中主要起开关作用，此时三极管工作在饱和区和截止区。当三极管工作在饱和区时，三极管的集-射电压 $U_{CE}\approx0$，三极管集电极和发射极之间相当于开关闭合。当三极管工作在截止区时，三极管的集电极和发射极之间相当于开关断开。

4．三极管的检测

1）用数字万用表判断三极管的基极（B）

选择数字万用表的二极管挡，将万用表的一个表笔固定在假定的基极上，另一个表笔分别接触三极管的另外两个引脚，对调红、黑表笔再重复操作一次，若两次测出的压降均为 0.6 V 左右或均为无穷大，则表明该引脚是基极。

2）用数字万用表判断三极管的类型

选择数字万用表的二极管挡，在判断出基极的基础上，将万用表的红表笔固定在基极上，黑表笔分别接触三极管的另外两个引脚，若测出的压降均为 0.6 V 左右，则表明该三极管为 NPN 三极管。若将万用表的黑表笔固定在基极上，红表笔分别接触三极管的另外两个引脚，且测出的压降均为 0.6 V 左右，则表明该三极管为 PNP 三极管。

3）用数字万用表判断三极管的集电极（C）和发射极（E）

选择数字万用表的二极管挡，对 NPN 三极管，将万用表的红表笔固定在基极上，黑表笔分别接触三极管的另外两个引脚，两次测出的压降大的那端引脚是发射极，剩下的便是集电极。对 PNP 三极管，将万用表的黑表笔固定在基极上，红表笔分别接触三极管的另外两个引脚，两次测出的压降大的那端引脚是发射极，剩下的便是集电极。

4）用数字万用表检测三极管的放大倍数（$\bar{\beta}$）

选择数字万用表的 hFE 挡，根据三极管的管型和引脚，分别插入对应的孔中，即可在万用表的显示屏上读出三极管的放大倍数 $\bar{\beta}$。

1.5 // 半导体数码管

半导体数码管也称 LED 数码管,简称数码管,它是将若干个发光二
极管按一定的图形排列并封装在一起的最常用的数码显示器件之一,其
实物图如图 1.17 所示。LED 数码管具有发光显示清晰、响应速度快、耗电省、体积小、寿
命长、耐冲击、易与各种驱动电路连接等优点,在各种数显仪器仪表、数字控制设备中得到
了广泛应用。

数码管的使用常识

图 1.17　数码管实物图

1. 数码管的结构与特点

目前,最常用的是"8"字形数码管。如图 1.18 所示,其内部由 8 个发光二极管组成,其
中 7 个发光二极管(a~g)作为段笔画组成"8"字形结构(故也称七段数码管),剩下的 1 个发
光二极管(h、D.P 或 dp)组成小数点。

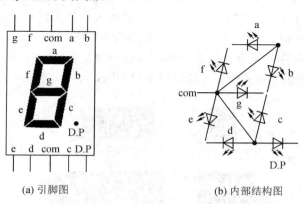

　　　　(a) 引脚图　　　　　　　　　　(b) 内部结构图

图 1.18　数码管的引脚图与内部结构图

数码管分为共阳极数码管和共阴极数码管两种。

共阳极数码管将所有发光二极管的正极连接在一起,作为公共端(com),而每个发光

二极管的负极作为独立引脚,如图 1.19(a)所示。共阳极数码管的公共端(com)需接高电平,对应的段码(a~h)需接低电平,数码管才能被点亮。

共阴极数码管将所有发光二极管的负极连接在一起,作为公共端(com),而每个发光二极管的正极作为独立引脚,如图 1.19(b)所示。共阴极数码管的公共端(com)需接低电平,对应的段码(a~h)需接高电平,数码管才能被点亮。

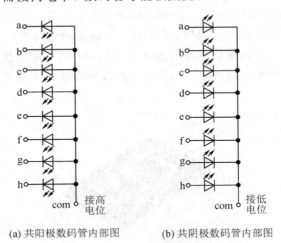

(a) 共阳极数码管内部图　　　　(b) 共阴极数码管内部图

图 1.19　共阳极和共阴极数码管

 小 知 识

在数字电路中,高电平用数字"1"表示,通常接到电源正极;低电平用数字"0"表示,通常接到电源负极。

2. 数码管的种类

数码管的种类很多,常用小型 LED 数码管的封装形式几乎都采用了双列直插结构,并按照需求将 1 个至多个数码管封装在一起,以组成显示位数不同的数码管。数码管按显示位数的不同,可分为 1 位、2 位、3 位、4 位等数码管,如图 1.20 所示;按发光二极管内部连接方式的不同,可分为共阳极数码管和共阴极数码管;按显示字符颜色的不同,可分为红色、绿色、黄色、橙色等数码管;按显示亮度的不同,可分为普通亮度数码管和高亮度数码管。

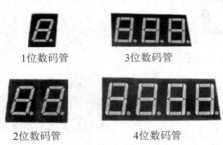

1位数码管　　　　3位数码管

2位数码管　　　　4位数码管

图 1.20　不同显示位数的数码管

3. 数码管的型号与引脚识别

由于 LED 数码管的型号命名各生产厂家不统一，无规律可循，因此要想知道某一型号产品的结构特点和相关参数，只能查看厂家说明书或相关参数手册。对于型号不清楚的数码管，只能通过万用表的测量，来了解其内部结构和相关参数。

LED 数码管的引脚排序规则如图 1.21 所示，即正对着产品的显示面，左下角为第 1 引脚，按逆时针方向计数引脚依次增大。这与普通集成电路引脚的排序规则是一致的。

图 1.21　LED 数码管的引脚排序规则

 小 知 识

利用万用表判断数码管的类型及引脚的方法如下。

（1）将黑表笔插入"COM"孔，红表笔插入"VΩ"孔。

（2）把万用表挡位旋钮调到二极管挡。

（3）把红表笔接数码管的 com 端，黑表笔接数码管其他引脚，若数码管对应的笔段亮，则说明该数码管为共阳极数码管，否则为共阴极数码管。

（4）对于共阳极数码管，把红表笔接数码管的 com 端，黑表笔依次触碰数码管的其他引脚，若数码管对应的笔段亮，则说明该数码管是好管并可判断数码管笔段位置。若数码管对应的笔段不亮，则说明该数码管已损坏。共阴极数码管的判断方法与共阳极数码管的判断方法基本相同，只需将红、黑表笔对调即可。

4. 数码管的显示原理

LED 数码管一般由 a、b、c、d、e、f、g 七段发光段组成，根据显示需要，让其中某些段发光，即可显示 0~9 十个数字，如图 1.22 所示。例如：若要显示数字 0，则只需让 a、b、c、d、e、f 段发光；若要显示数字 1，则只需让 b、c 段发光，其他数字的显示以此类推。

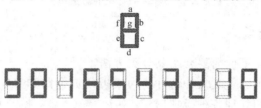

图 1.22　LED 数码管显示原理

小 知 识

LED 数码管除了可以显示常用的阿拉伯数字 0～9，还可以显示一些特殊英文字符，如 A、b、C、d、E、F、P 等，具体实现请读者自行思考。

5. 数码管的使用注意事项

（1）LED 数码管一般要通过专门的译码驱动电路，才能正常显示字符。

（2）各厂家或同一厂家生产的不同型号的 LED 数码管，即使封装尺寸完全相同，其性能和引脚排列也有可能大相径庭。

（3）LED 数码管属于电流控制型器件，发光亮度与工作电流成正比。为了防止电流过大烧坏数码管，使用时一定要注意串联合适的限流电阻。

（4）LED 数码管为一次性产品，若其中一个笔段的发光二极管损坏，就要更换新管。

（5）LED 数码管显示面在出厂时贴有保护膜，在使用时可以撕下来。不要用尖硬物去碰触显示面，以免造成划痕等物理损伤，影响显示效果。

1.6 集 成 电 路

集成电路(Integrated Circuit，IC)是采用半导体工艺和薄膜工艺，把电阻、电容、二极管、三极管等元器件及布线制作在同一块硅片上而成的具有特定功能的电路，常封装在特定的管壳里。与分立电子元器件相比，集成电路具有体积小、重量轻、引出线和焊接点少、寿命长、可靠性高、性能好、功耗低、速度快等优点。因此，集成电路不仅常应用在工业、民用电子设备中，如手机、汽车、电脑等，而且在军事、通信、遥控等方面得到了广泛应用。图 1.23 为电路中常见的集成电路。

集成电路的
使用常识

图 1.23　电路中常见的集成电路

1. 集成电路的分类

集成电路种类很多，下面简要介绍其分类方法。

（1）按功能结构的不同，集成电路可分为模拟集成电路和数字集成电路。模拟集成电路主要用来产生、放大和处理各种模拟信号，如运算放大器、模拟乘法器、音频放大器、电源管理芯片等。图 1.24(a)所示为电路中常用的集成运算放大器和集成稳压器。数字集成电路主要用来产生、放大和处理各种数字信号，如门电路、触发器、编码器、译码器、计数器等。图 1.24(b)所示为电路中常见的数字译码器和数/模转换器。

  (a) 集成运算放大器和集成稳压器   (b) 数字译码器和数/模转换器

图 1.24 模拟集成电路和数字集成电路

  (2) 按制作工艺的不同，集成电路可分为半导体集成电路和膜集成电路。膜集成电路又分为厚膜集成电路和薄膜集成电路。

  (3) 按集成度高低的不同，集成电路可分为小规模集成电路(SSI)、中规模集成电路(MSI)、大规模集成电路(LSI)和超大规模集成电路(VLSI)。小规模集成电路内含 10～100 个元器件，中规模集成电路内含 100～1000 个元器件，大规模集成电路内含 1000～100 000 个元器件，超大规模集成电路内含 100 000 个以上的元器件。

  (4) 按导电类型的不同，集成电路可分为双极型集成电路和单极型集成电路。双极型集成电路工作速度快，但功耗较大，而且制作工艺复杂，如 TTL 和 ECL 集成电路。单极型集成电路工艺简单，功耗小，但工作速度较慢，如 CMOS、PMOS 和 NMOS 集成电路。

2. 集成电路的封装和引脚识别

1) 封装形式

集成电路的引脚和集成电路的封装形式紧密相关。所谓封装，指的是安装集成电路芯片使用的外壳，它不仅起着安放、固定、密封、保护芯片和增强电热性能的作用，而且是沟通芯片内部和外部电路的桥梁。常见集成电路的封装形式如图 1.25 所示。

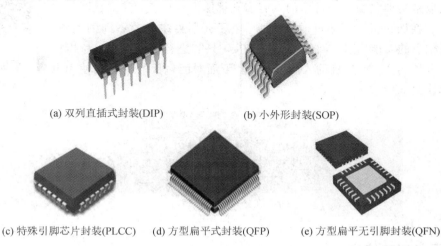

  (a) 双列直插式封装(DIP)   (b) 小外形封装(SOP)

(c) 特殊引脚芯片封装(PLCC) (d) 方型扁平式封装(QFP) (e) 方型扁平无引脚封装(QFN)

图 1.25 常见集成电路的封装形式

2) 引脚识别

对于各种封装形式的集成电路，其引脚排列次序是有一定规律的。一般来说，从外壳顶部向下看，从左下角按逆时针方向读起，其中第 1 脚附近会有参考标志，如凹坑、色点等，如图 1.26 所示。

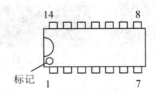

图 1.26　集成电路引脚识别方法

3. 集成芯片的使用注意事项

（1）不能带电插拔集成芯片。

（2）插拔集成芯片时要小心，不要在引脚上加太大应力，以免折断引脚；插拔集成电路时，最好使用镊子辅助进行。

（3）使用集成芯片时要注意方向问题，以免通电后集成芯片被烧毁。

（4）通电前要检查集成芯片电源与地是否短接，若发现短接，则一定不要加电源。

（5）集成芯片多余的空脚不应擅自接地，多余空脚的处理应依具体实际情况而定。

（6）对于大功率集成电路，在未装散热板前不要随意通电。

（7）使用芯片之前必须查阅芯片配套的手册。

1.7 面 包 板

面包板是实训室中一种常用的具有多孔插座的插件板，其实物图如图 1.27 所示。在面包板上可通过插接导线、电子元器件来搭建不同的电路，从而实现相应的功能。因为面包板无需焊接，只需进行简单插接，所以广泛应用于电子制作、单片机的入门学习中。下面对面包板的结构和使用方法作简单介绍。

面包板的
使用常识

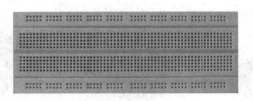

图 1.27　面包板实物图

1. 面包板的结构

常见的面包板分为上、中、下三部分，上面和下面一般是由 1 行或 2 行的插孔构成的窄条，中间部分是由一条隔离凹槽和上、下各 5 行的插孔构成的宽条。

本书使用的面包板窄条部分有 2 行插孔，行与行之间电气不连通，每 5 个插孔为一组，共 10 组，其中左边 5 组之间内部电气连通，右边 5 组之间内部电气连通，但左、右 2 组之间不连通，如图 1.28 所示。对于不连通的区域，如果需要连通，可在两者之间跨接导线。

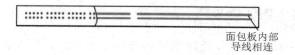

图 1.28　面包板窄条部分电气示意图

面包板宽条部分同一列中的 5 个插孔是互相连通的，列与列之间以及凹槽上、下部分是不连通的，其电气示意图如图 1.29 所示。

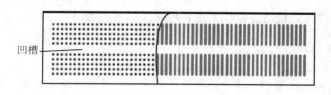

图 1.29　面包板宽条部分电气示意图

2. 面包板的使用方法

在搭接电路时，通常将上窄条、下窄条和中间的宽条同时使用。首先，将上窄条的第一行作为电源正极引线，中间利用导线连通，下窄条的第二行作为电源负极引线，中间也利用导线连通。然后，利用导线将上窄条的第一行连通到下窄条的第一行，上窄条的第二行连通到下窄条的第二行，这样对于上、下窄条来说均有电源正极和电源负极，如此布局有助于后续电路的搭接，且减少了连线长度和跨接线的数量，如图 1.30(a) 所示。最后，在面包板的宽条部分搭接电路的主体结构，其中接线是最重要的环节。接线要求走线整齐，尽

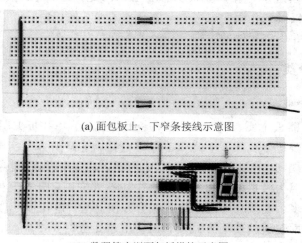

(a) 面包板上、下窄条接线示意图

(b) 数码管实训面包板搭接示意图

图 1.30　常见面包板接线示意图

量采用水平和垂直接线,有条件的话可使用不同颜色的导线,如电源正极采用红色导线,电源负极采用黑色导线等。接线次序一般是先接电源正极和电源负极,再接固定电平的规则线,最后按照信号流程逐级连接各逻辑控制线,切忌无次序接线,以免漏线。图1.30(b)是数码管实训面包板搭接示意图,读者可作参考。

3. 面包板搭接电路注意事项

(1)一般情况下,在宽条部分搭接电路的主体结构,上、下窄条作为电源正极和电源负极。

(2)插接元件时,元件要接在两个不相通的插孔里。如果把元件接在两个相通的插孔里,元件就会短路,在电路中不起任何作用。对于集成芯片来说,一定要跨凹槽连接。

(3)导线尽可能少用,尽量利用面包板的连通性,把不同元件的引脚插到相连的插孔里,这样元件的引脚就会自动连接,无需利用导线再次连接。

 小 知 识

　　在面包板上插拔元器件、芯片、连接导线时,必须关闭电源。全部连线完成并检查无误后再通电测试,禁止带电操作。

1.8　　万 能 板

万能板是一种按照标准IC间距布满焊盘,可按自己意愿插装元器件及连线的印制电路板,俗称洞洞板或点阵板。一般的万能板是单面焊盘,它的正面有很多孔,孔与孔之间采用标准的2.54 mm间距,使用直插式元件时,元件的引脚通过这些孔从正面穿插进去,因此这一面称为元件面。万能板的背面可以看到孔洞的周围有一圈金属焊盘,使用时,可以把焊锡熔在上面,焊接并固定元件的引脚,因此这一面称为焊接面。

万能板的
使用常识

1. 万能板的分类

1)按线路选用分类

市场上出售的万能板主要有两种,即单孔板和连孔板。单孔板如图1.31(a)所示,其焊盘各自相互独立,比较适合于数字电路和单片机电路,这是因为数字电路和单片机电路以芯片为主,电路较为规则。连孔板如图1.31(b)所示,其多个焊盘连在一起,更适合模拟电路和分立电路,这是因为模拟电路和分立电路往往不太规则,分立元件的引脚常常需要连接很多根线,这时有多个连接在一起的焊孔就会方便一些。连孔板一般有双连孔、三连孔、四连孔和五连孔,与面包板的使用方式类似。使用连孔板时,要合理利用相连的焊盘进行元器件布局和走线。

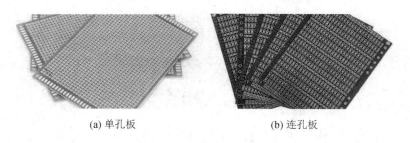

(a) 单孔板　　　　　　　　　　(b) 连孔板

图 1.31　单孔板和连孔板实物图

2）按材质分类

按材质的不同，万能板可分为铜板和锡板。铜板如图 1.32(a)所示，其焊盘是裸露的铜，呈金黄色，平时应用报纸包好保存，以防焊盘氧化。如果焊盘氧化，焊盘会失去光泽，不好上锡，此时可以用棉棒蘸酒精或用橡皮擦拭，将氧化层去掉。锡板如图 1.32(b)所示，其焊孔表面镀了一层锡，焊孔呈现银白色。锡板的基板材质要比铜板坚硬，不易变形。一般来说，锡板的价格相对铜板要贵一些。本书主要使用的是单孔铜板万能板。

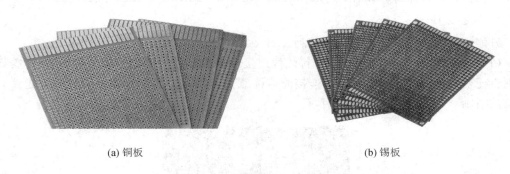

(a) 铜板　　　　　　　　　　　　　(b) 锡板

图 1.32　铜板和锡板实物图

2. 万能板焊接前的准备

（1）绘制电路原理图并仿真，对电路进行分块，为布局和焊接提供大致的电路功能划分。同时确认关键点的参数，包括每个电路块的输入、输出等，为电路调试提供理论参考值。

（2）准备元器件，核对元器件及其参数，不要遗漏。元器件、耗材等全部准备齐全后再动手焊接，切忌临时东拉西扯。尽可能在动手焊接前将元器件全部测试一遍。

（3）准备工具，包括细导线、电烙铁、焊锡丝等。

① 细导线。在万能板焊接之前，需要准备足够多的细导线用于走线，如图 1.33(a)所示。细导线分为单股和多股。单股细导线质地较硬，可以弯折成固定形状，剥皮之后还可以当作跳线使用；多股细导线质地柔软，焊接后显得较为杂乱，如图 1.33(b)所示。

② 电烙铁。由于万能板的焊盘排列紧密，为防止相邻的焊盘被误连在一起，要求烙铁头有较高的精度。建议使用功率为 30 W 左右的尖头电烙铁。

③ 焊锡丝。焊锡丝是用来填补、修补或连接元器件的焊接材料，主要由锡合金和助焊剂两部分组成。焊锡丝不宜太粗，建议选择线径为 0.5 mm 的焊锡丝。

 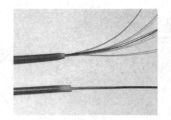

(a) 细导线 　　　　　　　　(b) 单股和多股细导线

图 1.33　细导线实物图

3. 万能板的焊接

对于元器件在万能板上的布局，大多数人习惯采用以芯片等关键器件为中心，其他元器件见缝插针的方法。这种方法是边焊接边规划，无序中体现着有序，效率较高，但初学者往往由于缺乏经验而无法使用这种方法。初学者可以先在纸上做好初步的布局，然后用铅笔在万能板正面（元件面）做标记，继而可以将走线也规划出来，方便焊接。

1）焊接方法

万能板的焊接方法主要有以下两种。

（1）飞线连接法：利用细导线进行飞线连接。飞线连接法无须太多的技巧，只要按照电路图将元器件逐个连接起来即可。连接时应注意连接规范，尽量做到水平和竖直走线，使之整洁清晰，如图 1.34 所示。

图 1.34　飞线连接法

（2）锡接走线法：不使用导线，只用焊锡连接线路，如图 1.35 所示。这种焊接方法具有走线清晰、工艺美观、性能稳定等优点，但是焊锡的使用量比较大。此外，纯粹的锡接走

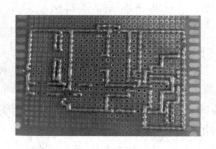

图 1.35　锡接走线法

线法难度较高，受到锡丝、个人焊接工艺等各方面的影响。

万能板的焊接方法是很灵活的，因人而异，找到适合自己的方法即可。

2）焊接技巧

很多初学者焊接的万能板很不稳定，容易造成短路或断路。除布局不够合理和焊工不良等因素外，缺乏技巧是造成这些问题的重要原因之一。掌握一些技巧可以使电路反映到实物硬件的复杂程度大大降低，减少飞线的数量，让电路更加稳定。具体焊接技巧如下：

（1）元器件布局要合理，事先一定要规划好，可以在纸上先画出走线图，模拟走线的过程。

（2）用不同颜色的导线表示不同的信号，同一个信号最好用同一种颜色。

（3）走线要规整，边焊接边在原理图上做出标记。

（4）善于利用排针。

（5）善于设置跳线。多设置跳线，不仅可以简化电路，而且焊接美观。

（6）按照电路原理，分步进行制作调试。做好一部分即可进行测试调试，不要等到全部电路都制作完成后再进行测试调试，因为这样不利于调试和排错。

1.9 // 剥线钳、斜口钳和镊子

常用工具的
使用方法

1. 剥线钳

剥线钳主要用来剥除电线头部的表面绝缘层。剥线钳可以将电线表面的绝缘皮切开，并与电线分离。剥线钳适用于塑料、橡胶绝缘电线、电缆芯线的剥皮，使用剥线钳分离电线绝缘皮十分便捷，并且可以有效防止触电。

1）剥线钳的实物图

图 1.36 是剥线钳实物图。剥线钳主要由钳头、钳柄、绝缘套管和弹簧组成，钳头上有多个不同尺寸的剥线刀口。

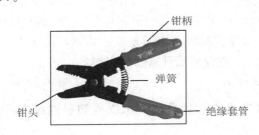

图 1.36　剥线钳实物图

2）剥线钳的使用方法

（1）根据电线的粗细型号，选择与所剥电线粗细最接近但比电线粗度略小的剥线孔；

（2）将电线放在剥线工具的刀刃中间，选择好要剥线的长度；

（3）握住剥线工具手柄，将电缆夹住，缓缓用力使电缆外表皮慢慢剥落；

（4）松开工具手柄，取出电缆线，这时电缆金属整齐露在外面，其余绝缘塑料完好无损。

3）剥线钳的使用注意事项

（1）不能将剥线钳当锤子使用，或者敲击钳柄，如果这样使用，钳口会开裂、折断，钳刃会崩口；

（2）不要把钳子放在过热的地方，否则会引起退火而损坏工具；

（3）剥线钳不能当斜口钳使用，不能进行剪切；

（4）经常给剥线钳上润滑油，可延长使用寿命，又可确保使用省力。不使用剥线钳时，应将其放在干燥的地方保存。

2. 斜口钳

斜口钳主要用于剪切导线和元器件多余的引线，也可以用来代替一般剪刀剪切绝缘套管、尼龙扎线等。市面上的斜口钳又称斜嘴钳。

1）斜口钳的实物图

图 1.37 是斜口钳实物图。斜口钳主要由钳头、钳柄和绝缘套管组成。

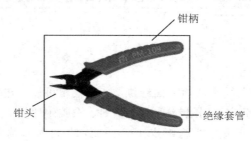

图 1.37　斜口钳实物图

2）斜口钳的使用方法

斜口钳常用来剪掉电路板上元器件过长的引脚。当元器件焊接到电路板之后，可能会留有过长的引脚，使得电路板焊接面不够平滑整齐，而且多个元器件的引脚有可能相碰而造成短路，这时就需要使用斜口钳将过长的引脚剪掉。使用斜口钳时，将钳口朝内侧，便于控制剪切部位，可以用小指伸在两钳柄中间来抵住钳柄，张开钳头，这样钳柄的分开更加灵活。将钳口靠近焊接位置，剪掉元器件露出的引脚。

3）斜口钳的使用注意事项

（1）斜口钳的刀口可用来剪切软电线的橡皮或塑料绝缘层，也可用来剪切电线、铁丝等；

（2）使用斜口钳时要量力而行，不可以用来剪切钢丝、钢丝绳以及过粗的铜导线和铁丝，否则容易导致斜口钳崩牙损坏；

（3）禁止将斜口钳当作榔头使用；

（4）带电操作时，手与斜口钳的金属部位应保持 2 cm 以上的距离。

3. 镊子

镊子是用于夹取块状药品、金属颗粒、毛发及其他细小东西的一种工具，也可用于夹持导线、元器件及集成芯片等。在元器件拆焊工艺中，镊子的作用更加明显，当焊点上的焊锡熔化后，在 PCB 的元器件面上用镊子夹住元器件，稍微用力撬动元器件，可使元器件顺利地脱离焊盘，从而完成拆卸。

1）镊子的实物图

镊子实物图如图 1.38 所示。镊子多由不锈钢材料制成，常见的镊子有尖头镊子、弯头镊子和平头镊子。图 1.38 所示为尖头镊子外观实物图。

图 1.38　镊子实物图

2）镊子的使用方法

在实训中，镊子通常用于在焊接时夹持导线和元器件，防止移动。另外，镊子还可用来拔出安装在芯片座上的芯片，拔出芯片时，先将镊子的一端插入芯片和芯片座之间，缓缓向上撬动，当芯片松动后，就可以顺利地拔出芯片了。

1.10 // PCB

PCB(Printed Circuit Board)称为印刷电路板或印刷线路板，采用电子印刷术制作而成，是电子元器件的支撑体，也是电子元器件电气连接的载体，具有高密度化、高可靠性、可设计性、可生产性、可组装性、可维护性等特点。PCB 的设计和质量直接影响着整个电子产品的质量和成本，甚至会影响电子产品在市场的竞争力。

PCB 使用常识

1. PCB 的分类

目前市面上的 PCB 种类繁多，根据不同的特点，可以将 PCB 分为不同的类型。

1）按层数分类

根据层数进行分类，通常可将 PCB 分为单面板、双面板以及多层板。单面板指的是在最基本的 PCB 上，元器件集中在其中一面，布线则集中在另一面上，如图 1.39(a)所示。对于功能简单，布线不多的电路而言，使用单面板就足够了。虽然单面板目前不是市场的主流产品，但是由于其设计简单、成本低廉，在电视遥控器、门铃、简易电子玩具等产品上，仍旧可以看到单面板的身影。

双面板的双面都有覆铜及布线，并且可以通过过孔来导通两层之间的线路，使之形成所需要的网络连接，如图 1.39(b)所示。相对单面板而言，双面板拥有更多的布线空间，降低了 PCB 设计的难度，同时 PCB 的尺寸也可以做得更加小巧紧凑，这使得双面板逐渐成为

PCB 设计的主流。

多层板指具有三层或三层以上的电路板，如图 1.39(c)所示。多层板与单面板和双面板最大的不同就是增加了内部电源层和接地层，这就使得电路板的布线更加合理、电磁兼容性更好、抗干扰能力更强。例如射频信号的走线，如 GPS 定位天线和 WiFi 天线等，都需要做 50 Ω 的阻抗匹配，由于多层板各层之间的间距更小，布线阻抗控制就更容易些，因此做阻抗匹配的电路一般都采用多层板进行设计。另外，多层板的布线空间更多，尺寸可以做得更小，如智能手机、平板电脑等。具有高速信号，需要做阻抗匹配，且尺寸要求严格的电子产品，通常都使用多层板进行设计。

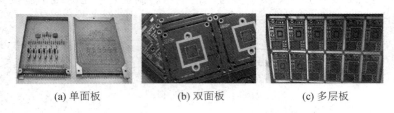

(a) 单面板   (b) 双面板   (c) 多层板

图 1.39　PCB 按层数分类

2）按软硬程度分类

根据成品的软硬程度进行分类，可以将 PCB 分为刚性电路板、柔性电路板和软硬结合板。刚性电路板比较常见，其具有一定的机械强度，使用时处于平展状态。一般电子设备使用的都是刚性电路板，如图 1.40(a)所示。柔性电路板又称为 FPC（Flexible Printed Circuit），具有重量轻、厚度薄、可自由弯曲折叠等特点，可在三维空间内任意移动和伸缩，从而达到元器件装配和导线连接一体化的效果，如图 1.40(b)所示。软硬结合板就是柔性电路板和刚性电路板，经过压合等工序，按相关工艺要求结合在一起，形成具有 FPC 特性和 PCB 特性的线路板，如图 1.40(c)所示。

(a) 刚性电路板   (b) 柔性电路板   (c) 软硬结合板

图 1.40　PCB 板按软硬程度分类

3）其他分类

PCB 的分类还有很多，例如根据材质分类，可分为玻璃纤维板、铝基板和铜基板等；根据表面制作工艺分类，可分为喷锡板、沉金板和镀金板等，根据过孔的导通状态分类，可分为盲孔板、埋孔板和过孔板等。感兴趣的读者可以查阅相关资料，进行更深入的学习。

2. PCB 的颜色

PCB 的颜色与覆盖在 PCB 表面的阻焊层油墨的颜色有关。常见 PCB 的颜色大都是绿色的，如图1.41(a)所示。除此之外，PCB 的颜色还有蓝色、紫色、白色、黑色等，如图1.41(b)和图 1.41(c)所示。需要说明的是，PCB 的颜色与 PCB 的性能没有直接关系，PCB

的颜色主要取决于生产成本和设计者的主观意愿。绿色的油墨使用最为广泛，价格也便宜，在生产后期需要光学检测环节中，绿色的 PCB 可以使得光学检测仪器拥有更好的识别效果，易于检测出不良品，所以市面上见到大部分 PCB 的颜色都是绿色的。目前，市面上有一些高端产品，喜欢使用黑色的 PCB，这是因为一方面黑色 PCB 颜值比较高，看起来质感十足，另一方面黑色 PCB 透光度比较差，很难看清其中布线，一定程度上降低了板子被抄袭的概率。而白色的 PCB，灯光类产品使用较多，因为白色不会对灯光效果造成太大的影响。

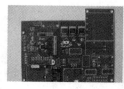  

(a) 绿色PCB   (b) 黑色PCB   (c) 白色PCB

图 1.41　PCB 的颜色

　　总的来说，选择什么颜色的 PCB，没有规则上的限制，更多考虑的是生产成本、维修难度和应用场合等因素。

3. PCB 的焊接

　　手工焊接是焊接技术的基础，也是电子产品装配中的一项基本操作技能，虽然现在已经实现自动化生产，但是电子产品的维修、调试以及产品试制、小批量生产研制都不可避免地会用到手工焊接。因此，掌握手工焊接技术是保证焊接质量的基础。

PCB 手工焊接技术

　　1）焊接前的准备

　　焊接工作台需保持干净整洁，操作者最好佩戴好防静电手环，避免静电击坏电子元器件。焊接开始前，需准备好电烙铁、焊锡丝、镊子、斜口钳、吸锡器、清洁海绵等工具，其中部分工具如图 1.42 所示。

(a) 电烙铁   (b) 焊锡丝   (c) 吸锡器   (d) 清洁海绵

图 1.42　焊接前需准备的工具

　　2）准备焊接

　　手工焊接，一般采用五部焊接法。

　　（1）准备焊接，左手拿焊锡丝，右手拿电烙铁，烙铁头和焊锡对准焊盘；

　　（2）加热焊件，使用烙铁头加热需要焊接的部位，注意受热要均匀；

（3）送入焊锡，焊接部位加热到一定温度后，送入适量焊锡到焊盘上；

（4）移开焊锡，当焊锡融化一定量后，移开焊锡；

（5）移开焊铁，等焊锡渡润焊盘或焊件的焊接部位后，45°角移开烙铁。

另外，如果元器件的引脚太长，可以在焊接完成后，使用斜口钳剪去多余的引脚。

3）焊接后的检查事项

（1）检查元器件有无错焊、漏焊、虚焊、短路等现象；

（2）使用酒精或洗板水将 PCB 上残余的阻焊剂清洗干净，避免焊接遗留的残渣影响电路正常工作。

4）吸锡器的使用方法

当焊接过程有误或者焊盘孔被焊锡堵塞时，可以使用吸锡器将多余的焊锡清除干净。

（1）使用前，先检查吸锡器活塞密封是否良好，按键是否能够正常工作；

（2）将吸锡器顶部的压杆向下按压，直到压杆被锁定；

（3）使用电烙铁将需要清除的焊锡加热至融化，然后将吸锡器的吸嘴对准焊点；

（4）快速撤出电烙铁，然后按下吸锡器按钮，利用吸锡器产生的负压将多余的焊锡清除干净。

5）焊接过程中的注意事项

（1）使用有铅焊锡时，焊接温度应控制在 $260\pm15℃$ 左右，使用无铅焊锡时，焊接温度应控制在 $330\pm20℃$ 左右；

（2）元器件焊接顺序遵循先难后易，先低后高，先贴片后插件的原则；

（3）控制好焊接时间，避免焊盘因长时间加热而产生高温导致元器件脱落；

（4）保持室内通风，避免吸入过多焊接产生的有害气体。

1.11　万　用　表

万用表是一种多功能、多量程的便携式电工电子仪表，一般的万用表可以测量直流电流、直流电压、交流电压和电阻等，有些万用表还可以测量电容、电感、晶体管的直流放大倍数等。万用表按显示方式分为模拟式万用表（指针式万用表）和数字式万用表，图 1.43 所示是几种典型的数字式万用表。

图 1.43　几种典型的数字式万用表　　　　万用表的使用方法

1．用数字式万用表测量线路的通断

　　检测之前，首先将黑表笔插入"COM"插孔，红表笔插入"VΩ"插孔，然后将万用表的转换开关置于蜂鸣器挡，如图 1.44 所示。接通电源开关后，两表笔接在被测线路的两端，当被测线路导通时，蜂鸣器将发出 2 kHz 左右的音频振荡声。当被测线路断开时，蜂鸣器不发声，且万用表显示为"1"。

图 1.44　测量线路通断的示意图

2．用数字式万用表测量电阻

　　测量电阻之前，首先将黑表笔插入"COM"插孔，红表笔插入"VΩ"插孔，然后将转换开关拨至电阻挡（Ω 挡）适当的量程，如图 1.45 所示。测量时，将表笔接在电阻两端的金属部位，测量时可以用手接触电阻，但不能用手同时接触电阻的两端，否则会影响电阻测量的精确度。保持表笔和电阻接触良好的同时，可从万用表的显示屏上直接读出电阻的阻值，电阻的单位与量程的单位一致。

图 1.45　测量电阻的示意图

 **小 知 识**

　　若被测电阻阻值大于所选电阻量程，则万用表显示为"1"（即溢出状态），这时应加大电阻量程后再次测量。

3. 用数字式万用表测量电压

测量直流电压之前，首先将黑表笔插入"COM"插孔，红表笔插入"VΩ"插孔，然后将转换开关拨至直流电压挡适当的量程，如图 1.46 所示。测量时将表笔接电源或电池的两端，并保持接触稳定，可从万用表的显示屏上直接读出直流电压的数值。若测量数值显示为"1"，则表明量程太小，需加大量程后再次测量。若测量显示的数值出现"一"，则表明红表笔接触的是被测直流电压的低端。

图 1.46　测量直流电压的示意图

测量交流电压时，只需将转换开关拨至交流电压挡的适当量程，其他与测量直流电压的方法基本相同。

4. 用数字式万用表测量电流

测量直流电流之前，首先将黑表笔插入"COM"插孔，若测量大于 200 mA 的电流，则需将红表笔插入"20A"插孔。若测量小于 200 mA 的电流，则需将红表笔插入"mA"插孔，然后将转换开关拨至直流电流挡适当的量程，如图 1.47 所示。调整好后开始测量，将万用表串联到待测电路中，保持稳定后从万用表显示屏上直接读取测量的数据。若测量数值显示为"1"，则表明量程太小，需加大量程后再次测量。若测量显示的数值出现"一"，则表明电流从黑表笔流进万用表。

图 1.47　测量直流电流的示意图

测量交流电流时，只需将转换开关拨至交流电流挡的适当量程，其他与测量直流电流的方法基本相同。

5．用数字式万用表测量二极管

检测之前，首先将黑表笔插入"COM"插孔，红表笔插入"VΩ"插孔，然后将万用表的转换开关置于二极管挡，如图 1.48 所示。用红表笔接二极管的正极，黑表笔接二极管的负极，这时万用表上显示二极管的正向压降值（一般为 0.6～0.7 V）。调换表笔，再次测量，若万用表上显示为"1"，说明二极管反向截止，该二极管是好管。

图 1.48　测量二极管的示意图

6．万用表使用注意事项

（1）项目与量程不要放错；

（2）正、负表笔不要接错；

（3）测电路中的电阻时，不能带电测量；

（4）若最低位显示不断变化，可读数取其平均值；

（5）当万用表上显示 ▭ 时，表明电量不足，这时应及时更换电池；

（6）使用当中应注意随时关断电源，以延长万用表内部电池使用时间，长期不用时应取出电池，防止电池氧化漏电损坏万用表。

1.12 // 直流稳压电源

直流稳压电源是一种能为负载提供稳定直流电源的电子装置，一般都是由交流电网经降压、整流、滤波、稳压后，得到稳定的直流电压。直流稳压电源的型号很多，图 1.49 是一款典型的三路输出直流稳压电源，其型号为 GPS-3303C，下面介绍这款直流稳压电源的基本使用方法。

直流稳压电源
的使用方法

图 1.49　直流稳压电源(GPS-3303C)

1．直流稳压电源的面板

GPS-3303C 直流稳压电源共有三路输出，其中 CH1 和 CH2 可以输出 0～30 V，3 A；CH3 可以输出固定 5 V，3 A。其面板示意图如图 1.50 所示。

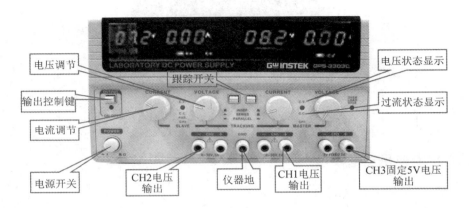

图 1.50　直流稳压电源面板图

2．直流稳压电源的基本操作

1）工作模式选择

GPS-3303C 直流稳压电源具有三种输出工作模式，分别为独立(INDEP)、串联(SE-RIES)和并联(PARALLEL)，由跟踪开关来选择相应的模式。当两个跟踪开关按键都保持原状时，为独立工作模式，两路电源可单独或两组同时使用；当按下左跟踪开关，右跟踪开关保持原状时，为串联工作模式，输出电压是单路的 2 倍；当两个跟踪开关都按下时，为并联工作模式，输出电流是单路的 2 倍。在实训中，通常使用的是独立工作模式，因此两个跟踪开关都需保持原状。

2）设置电压值和电流值

确定好直流稳压电源的工作模式后，旋转电压和电流调节旋钮，顺时针旋转可增大电压和电流，逆时针旋转可减小电压和电流，将其调节成所需的电压值和电流值。

3）设置输出控制键

要想最后输出稳定的直流电压，必须将输出控制键(OUTPUT)按下，否则调节的电压和电流均不能正常输出。设置完毕后，可将电源线插入指定通道，红色电源线为电源正极，黑色电源线为电源负极。

3. 直流稳压电源使用注意事项

对于不同类型的直流稳压电源，其工作原理和调节方式基本相同，但要注意以下几点：

（1）分清哪些通道是可调输出的，其输出可调电压范围和最大输出电流是多少？如上述直流稳压电源的可调电压范围均为 0～30 V，最大输出电流均为 3 A。在将电源接入负载电路之前，先要确定输出电压的大小，并准确调准，否则电压过大容易烧坏负载电路。

（2）固定通道输出电压一般为 5 V，最大电流为 3 A。

（3）接通直流稳压电源后，输出端的两根正、负极引线不要相碰，否则容易引起短路损坏直流稳压电源。

（4）直流稳压电源的输出端有两根引线，一根为正（用红色引线表示），另一根为负（用黑色引线表示），这两根引线之间不能互换。直流稳压电源的输出端引线接入电路时，要先搞清楚电路中的正、负电源端，两者之间切不可接反，否则会烧坏电路。

（5）直流稳压电源在独立模式中，两组可调电路之间是独立的，输出电压调整要分开进行。

（6）若直流稳压电源接上电路板后，稳压电源的电压瞬间下跌且电流瞬间上升，则电路可能出现过载或短路情况，此时应立即断开直流稳压电源，并对电路板进行故障排查。

习　题　1

1. 三个电阻分别为 2 Ω、3 Ω、6 Ω，它们串联时，其等效电阻为（　　）Ω。
A. 11　　　　　　　B. 2　　　　　　　C. 1　　　　　　　D. 6

2. 三个电阻分别为 3 Ω、3 Ω、3 Ω，它们并联时，其等效电阻为（　　）Ω。
A. 9　　　　　　　B. 2　　　　　　　C. 1　　　　　　　D. 6

3. 两个电阻分别为 4 Ω 和 6 Ω，并联之后再与 3 Ω 电阻串联，其等效电阻为（　　）Ω。
A. 5.4　　　　　　B. 13　　　　　　　C. 4　　　　　　　D. 6

4. 下列关于电阻的说法正确的是（　　）。
A. 导体通电时有电阻，不通电时没有电阻
B. 通过导体电流越大，电阻越大
C. 导体两端电压越大，电阻越大
D. 导体电阻是导体本身性质，与电压电流无关

5. 电阻的国际制单位是（　　）。
A. V　　　　　　　B. A　　　　　　　C. Ω　　　　　　　D. W

6. 电阻用数字法标志为 102，则该电阻的阻值为（　　）Ω。
A. 102　　　　　　B. 100　　　　　　C. 1020　　　　　　D. 1000

7. 电阻用数字法标志为 511，则该电阻的阻值为（　　）Ω。

A. 510　　　　　　　B. 511　　　　　　　C. 51.1　　　　　　　D. 5.11

8. 色环电阻的四环颜色分别为棕、黑、金、金，则该电阻的阻值为（　　）Ω。

A. 10　　　　　　　B. 1　　　　　　　C. 100　　　　　　　D. 1000

9. 色环电阻的色环依次为红、黑、红、金，则该电阻的阻值为（　　）Ω。

A. 2000　　　　　　B. 202　　　　　　C. 200　　　　　　D. 20

10. 四环电阻中，金色表示的误差是（　　）。

A. ±5%　　　　　　B. ±1%　　　　　　C. ±2%　　　　　　D. ±10%

11. 五环精密电阻中，棕色表示的误差是（　　）。

A. ±5%　　　　　　B. ±1%　　　　　　C. ±2%　　　　　　D. ±10%

12. 五环精密电阻中，红色表示的误差是（　　）。

A. ±5%　　　　　　B. ±1%　　　　　　C. ±2%　　　　　　D. ±10%

13. 电容的国际制单位是（　　）。

A. V　　　　　　　B. Ω　　　　　　　C. A　　　　　　　D. F

14. 如图 1.51 所示，该电容的大小为（　　）pF。

图 1.51　题 14 图

A. 104　　　　　　B. 10^5　　　　　　C. 10^4　　　　　　D. 10^6

15. 如图 1.52 所示，该电解电容的大小为（　　）μF。

图 1.52　题 15 图

A. 40　　　　　　　B. 2.2　　　　　　C. 400　　　　　　D. 22

16. 独石电容上标注有"332"，则该电容的大小为（　　）pF。

A. 3300　　　　　　B. 330　　　　　　C. 33　　　　　　D. 33 000

17. 下列关于电容的说法正确的是（　　）。

A. 电容的国际制单位是 pF　　　　　　　　B. 电容的作用主要是隔直通交

C. 电容引脚没有正负极之分　　　　　　　　D. 电容和电阻一样，也满足欧姆定律

18. 下列电容单位换算关系正确的是（　　）。

A. $1F=10^6 mF$　　　　B. $1mF=10^6 \mu F$　　　C. $1F=10^{12} pF$　　　D. $1 \mu F=10^9 pF$

19. 电容旁标注有"4p7"，则该电容的大小为（　　）pF。

A. 47　　　　　　　　B. 4.7　　　　　　　C. 0.47　　　　　　D. 470

20. 如图 1.53 所示，该元器件的名称是（　　）。

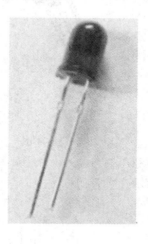

图 1.53　题 20 图

A. 发光二极管　　　　　B. 电容　　　　　　　C. 电阻　　　　　　　D. 电感

21. 如图 1.54 所示，元器件表面标有"1N4007"，该元器件为（　　）。

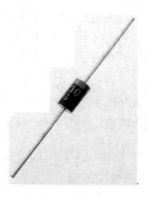

图 1.54　题 21 图

A. 发光二极管　　　　　B. 整流二极管　　　　C. 稳压二极管　　　D. 开关二极管

22. 如图 1.55 所示，该元器件表示的是（　　）。

图 1.55　题 22 图

A. 三极管　　　　　　　B. LED　　　　　　　C. 电容　　　　　　　D. 电感

23. 若发光二极管正常发光，其两端的电压值可能是(   )V。

A. 2   B. 5   C. 1   D. 8

24. 如图 1.56 所示，该元器件表示的是(   )。

图 1.56   题 24 图

A. 二极管   B. 稳压器   C. 电位器   D. 三极管

25. 如图 1.57 所示，C 脚表示三极管的(   )。

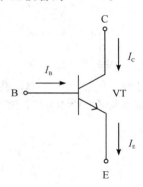

图 1.57   题 25 图

A. 基极   B. 集电极   C. 栅极   D. 发射极

26. 放大电路中三极管三个电极的电流如图 1.58 所示，测得 $I_A = 2$ mA，$I_B = 0.04$ mA，则 I_C 电流为(   )mA。

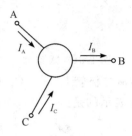

图 1.58   题 26 图

A. 2.04   B. 1.96   C. −1.96   D. −2.04

27. 图 1.59 所示为元器件的内部结构图，该元器件为(   )。

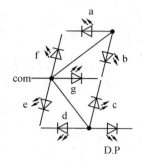

图 1.59　题 27 图

A. 发光二极管　　　　　B. 整流二极管　　　　C. 共阴极数码管　　D. 共阳极数码管

28. 如图 1.60 所示，该元器件为（　　）。

图 1.60　题 28 图

A. 二极管　　　　　　　B. 三极管　　　　　　C. 数码管　　　　　D. 电容器

29. 如图 1.61 所示，共阳极数码管的"com"端应该接（　　）。

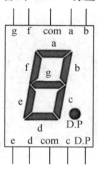

图 1.61　题 29 图

A. 电源正极　　　　　　　　　　　　　　B. 电源负极

C. 电源正极和负极均可　　　　　　　　　D. 无法确定

30. 对于共阳极数码管，若要显示数字"1"，则七段显示译码器 a～g 应该为（　　）。

A. 1111001　　　　　B. 1001111　　　　　C. 0000110　　　　D. 0110000

31. 如图 1.62 所示，该器件表示的是（　　）。

图 1.62　题 31 图

A. IC　　　　　　　　B. IC 底座　　　　　　C. 电阻排　　　　　D. 按键

32. 图 1.63 所示为 CD4543 芯片，判断该芯片的第 1 脚是(　　)。

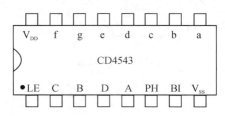

图 1.63　题 32 图

A. V$_{SS}$　　　　　　B. a　　　　　　　　C. V$_{DD}$　　　　　D. LE

33. 如图 1.64 所示，该底座对应的 IC 引脚数是(　　)。

图 1.64　题 33 图

A. 24　　　　　　　　B. 20　　　　　　　　C. 28　　　　　　　D. 32

34. 如图 1.65 所示，该物件的名称为(　　)。

图 1.65　题 34 图

A. PCB 板　　　　　　B. 面包板　　　　　　C. 焊锡丝　　　　　D. 万能板

35. 关于万用表，下列说法不正确的是(　　)。

A. 可以用万用表测量电阻的阻值　　　　　　B. 可以用万用表测量电路中的电流

C. 可以用万用表测量电路的通断　　　　　　D. 可以用万用表测量电路的放大倍数

36. 如图 1.66 所示，该工具名称为(　　)。

图 1.66　题 36 图

A. 斜口钳　　　　　　B. 剥线钳　　　　　　C. 大力钳　　　　　D. 台虎钳

37. 关于手工剥线钳的使用方法，下列说法中正确的是(　　)。

A. 手工剥线钳不用时可以随意摆放　　B. 手工剥线钳可以当作锤子使用

C. 手工剥线钳不能剪切过硬的导线　　D. 手工剥线钳可以当作斜口钳使用

38. 如图 1.67 所示，该工具名称为(　　)。

图 1.67　题 38 图

A. 斜口钳　　　　　　B. 剥线钳　　　　　　C. 大力钳　　　　　　D. 台虎钳

39. 关于斜口钳的使用方法，下列说法中不正确的是(　　)。

A. 斜口钳的刀口可用来剪切软电线的橡皮或塑料绝缘层

B. 使用斜口钳要量力而行，不可以用来剪切钢丝、钢丝绳以及过粗的铜导线和铁丝

C. 禁止将斜口钳当作榔头使用

D. 带电操作时，手可以直接握住斜口钳的金属部位

40. 如图 1.68 所示，该工具名称为(　　)。

图 1.68　题 40 图

A. 斜口钳　　　　　　B. 吸锡器　　　　　　C. 电烙铁　　　　　　D. 焊锡

41. 如图 1.69 所示，该物件的名称为(　　)。

图 1.69　题 41 图

A. 海绵　　　　　B. 松香　　　　　C. 焊锡　　　　D. 导线

42. 如图 1.70 所示，该工具名称为（　　）。

图 1.70　题 42 图

A. 剪刀　　　　　B. 钳子　　　　　C. 电烙铁　　　　D. 镊子

43. 如图 1.71 所示，该工具的名称为（　　）。

图 1.71　题 43 图

A. 电烙铁　　　　B. 松香　　　　　C. 焊锡　　　　D. 吸锡器

44. 如图 1.72 所示，该设备的名称为（　　）。

图 1.72　题 44 图

A. 万用表　　　　B. 信号发生器　　　　C. 直流稳压电源　　　D. 示波器

45. 图 1.73 所示为直流稳压电源，图中用圆圈圈出的通道所输出的电压为（　　）V。

图 1.73　题 45 图

A. 10　　　　　B. 30　　　　　C. 5　　　　　D. 20

第2章

点亮发光二极管

学习目标

（1）熟悉发光二极管的结构及工作原理。

（2）利用虚拟仿真软件 Proteus 对本实训进行虚拟仿真，实现电路原理图设计、调试和仿真，以及系统测试与功能验证。

（3）利用面包板搭接电路和万能板焊接电路，通过实训了解电路功能实现的两种典型方式。熟悉面包板的搭接使用，万能板的焊接使用，并在焊接过程中亲身体验练习，为后续课程实训项目打下基础。

日常生活中的很多地方都用到了发光二极管，如流水灯、交通信号灯、广告牌、显示屏等。本章利用电路中最常见的两种方式，即面包板搭接电路和万能板焊接电路，学习如何点亮一个发光二极管。

2.1 电路概述

1. 发光二极管

发光二极管（Light-Emitting Diode，简称LED）是一种将电能转化为光能的半导体电子元件，与普通二极管一样，也具有单向导电性。当加正向电压时，有一定的电流流过就会发光。半导体材料不同，发出光的颜色也不同，如砷化镓二极管发红光，磷化镓二极管发绿光，碳化硅二极管发黄光，氮化镓二极管发蓝光等。常见发光二极管实物和图形符号如图 2.1 所示。

(a) 实物图　　　　(b) 图形符号

图 2.1　发光二极管实物图和图形符号

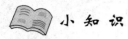 小 知 识

> 在图 2.1(a)中，发光二极管两根引脚中较长的一根为正极，较短的一根为负极。使用时发光二极管的正极应接电源正极，发光二极管的负极应接电源负极。若无法通过引脚的长短来判断发光二极管的正负极，还可通过发光二极管管壳内电极的大小来判断。管壳内小块的电极为发光二极管的正极，大块的电极为发光二极管的负极。
>
> 有的发光二极管的两根引线一样长，但管壳上有一凸起的小舌，靠近小舌的引线是正极。

通常发光二极管的正常工作电压为 1.5～3 V，允许通过的电流为 2～20 mA，发光的强度由电流大小决定。由于本章电路中使用的电源一般为＋5 V 直流电源，因此若想使发光二极管正常发光，则必须串联一个限流电阻，以防发光二极管通过电流过大而损坏。

2. 点亮一个发光二极管电路工作原理

点亮一个发光二极管电路工作原理图如图 2.2 所示，图中 E 是直流电源，R 是限流电阻，LED 是发光二极管，A 是按键开关。

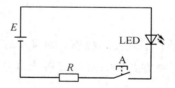

图 2.2　点亮一个发光二极管电路原理图

在图 2.2 中，电路图中电流从电源的正极出发，通过导线连接到发光二极管的正极，再从发光二极管的负极，通过导线连接到按键开关的一端，再从按键开关的另一端连接到电阻的一端，最后从电阻的另一端回到电源的负极。选择合适的电源和限流电阻，按键开关按下，发光二极管便可亮起来。

限流电阻 R 可用下列公式计算：

$$R = \frac{E - U_{\mathrm{F}}}{I_{\mathrm{F}}} \tag{2.1}$$

式中：E 为电源电压；U_{F} 为 LED 的正常压降，通常取值为 2 V；I_{F} 为 LED 的工作电流。

例 2.1　如图 2.3 所示，在该电路中，若发光二极管的工作电流为 2～10 mA，则电路中限流电阻 R 的取值范围是多少？

解　若发光二极管的工作电流为 2 mA，取 $U_{\mathrm{F}} = 2$ V，此时限流电阻的最大值由式(2.1)可得：

$$R_{\max} = \frac{E - U_{\mathrm{F}}}{I_{\mathrm{Fmin}}} = \frac{5 - 2}{2} = 1.5 \text{ k}\Omega$$

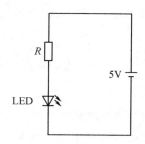

图 2.3 限流电阻的计算图

若发光二极管的工作电流为 10 mA，此时限流电阻的最小值由式（2.1）可得：

$$R_{min} = \frac{E - U_F}{I_{Fmax}} = \frac{5-2}{10} = 0.3 \ k\Omega$$

因此，该限流电阻的取值范围为 $0.3 \ k\Omega \leqslant R \leqslant 1.5 \ k\Omega$。

2.2 // 电路虚拟仿真

本书使用 Proteus 软件进行电路虚拟仿真。Proteus 是目前最先进的原理图设计与仿真平台之一，它实现了从电路原理图设计、调试及仿真，到系统测试与功能验证，再到形成 PCB 的完整设计研发过程。

点亮一个发光二极管电路虚拟仿真图如图 2.4 所示，虚拟仿真实训元件清单如表 2.1 所示。

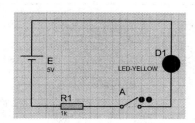

图 2.4 点亮一个发光二极管电路虚拟仿真图

表 2.1 点亮一个发光二极管电路虚拟仿真实训元件清单

元件名	类	子类	数量	参数	备注
CELL	Miscellaneous	—	1	5 V	直流电源
RES	Resistors	Generic	1	1 kΩ	电阻
Switch	Switches & Relays	Switches	1	—	按键开关
LED-YELLOW	Optoelectronics	LEDs	1	黄色	发光二极管

点亮一个发光二极管虚拟仿真电路完成后，按下按键开关 A，发光二极管点亮，再次按下按键开关 A，发光二极管熄灭。

 小 知 识

在如图 2.4 所示的虚拟仿真图中，改变电阻 R1 的大小，按下开关后观察发光二极管的亮度情况，进一步理解限流电阻对于发光二极管亮度的影响。

2.3 // 电路的制作与测试

1. 点亮一个发光二极管电路元件清单

点亮一个发光二极管电路元件清单如表 2.2 所示。

表 2.2　点亮一个发光二极管电路元件清单

元件名称	参数/规格	数量	元件名称	参数/规格	数量
电阻	1 kΩ	1	按键开关	轻触立式	1
发光二极管	5 mm 红色	1	面包板	—	1
万能板	5 cm×7 cm	1	导线	红黄黑等	若干

点亮一个发光二极管

2. 点亮一个发光二极管电路制作流程

1）利用面包板搭接电路点亮一个发光二极管

下面试着在面包板上点亮一个发光二极管。首先取一块面包板，上面一排连电源的正极，下面一排连电源的负极。然后取一个红色发光二极管，将发光二极管的正极插入面包板正极孔中，发光二极管的负极插入面包板中间区域正下方某一列。再紧挨着发光二极管的负极插入按键开关的左上引脚，在按键开关的右下角插入电阻的一端，电阻的另一端直接插入负极孔中。调节直流稳压电源为 +5 V，将电源正极接入面包板上排红色引线，电源负极接入面包板下排黑色引线，按下按键开关接通电路，发光二极管被点亮，如图 2.5 所示。

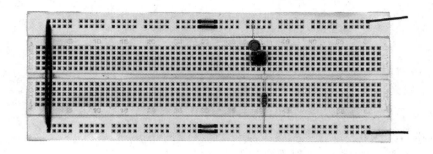

图 2.5　利用面包板点亮一个发光二极管电路接线图

2) 利用万能板焊接电路点亮一个发光二极管

万能板是一种按照标准 IC 间距(2.54 mm)布满焊盘、可按自己的意愿插装元器件及连线的印制电路板。万能板具有以下优势:使用门槛低、成本低廉、使用方便、扩展灵活。

焊接开始前,将各种电子元件、导线、设备和焊接工具都准备好。首先进行电路布局,如果电路元件数量不多,可以把元件全部插入万能板后再进行焊接。如果元件数量较多,可以自行分批插入万能板后再进行焊接。由于本实训电路元件较少,因此将所有元件插入万能板后再进行焊接。

(1) 布局。按照点亮一个发光二极管电路原理图,在万能板上插入一根红色导线,作为电源正极引线。紧挨着红色导线的下方插入红色发光二极管的正极,负极紧随而下。挨着发光二极管的负极,插入按键开关的左上引脚,按键开关的其他引脚插入周边的焊盘位置。然后挨着按键开关右下引脚插入电阻的一端,最后紧挨电阻的另一端插入一根黑色导线,作为电源的负极。

(2) 焊接。电路布局完成后,接下来进行焊接。焊接前可以将元件利用透明胶固定在万能板上,这样当万能板翻转过来进行焊接时,元件不易脱落。根据电路原理图,将元件相通的引脚焊接起来,焊接完成后如图 2.6 所示。

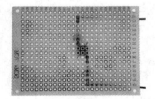

(a) 正面布局图　　　　　　　　　(b) 反面焊接图

图 2.6　利用万能板点亮一个发光二极管焊接接线图

(3) 测试。焊接完成以后,再次检查电路是否有漏焊、虚焊、错焊等现象,检查无误后,利用斜口钳将元件多余引脚修剪整齐,并通电测试。调节直流稳压电源为 +5 V,将电源正极接入万能板的红色引线,电源负极引脚接入万能板的黑色引线,按下按键开关,发光二极管被点亮了。

习　题　2

1. 关于发光二极管，以下说法正确的是（　　　）。

A. 发光二极管不具有单向导电性

B. 发光二极管引脚没有正负极

C. 使用发光二极管时，一般需串联限流电阻

D. 发光二极管的正常工作电压为 5 V

2. 发光二极管的主要特点是（　　　），耗电省，寿命长。

A. 工作电压低、工作电流小

B. 工作电压高、工作电流小

C. 工作电压低、工作电流大

D. 工作电压高、工作电流大

3. 下列符号中表示发光二极管的是（　　　）。

A. ────▷├──　　　　B. ──▷├──　　　　C. ──▷├──　　　　D. ────▷├──

4. 若发光二极管正常发光，一般来说其两端的电压值约是（　　　）V。

A. 2　　　　　　　　B. 5　　　　　　　　C. 0.7　　　　　　　　D. 4

5. 发光二极管发光时，其工作在（　　　）。

A. 反向截止区　　　　B. 正向导通区　　　　C. 反向击穿区　　　　D. 无法确定

6. 以下所列器件中，（　　　）不是工作在反偏状态的。

A. 光电二极管　　　　B. 变容二极管　　　　C. 稳压管　　　　D. 发光二极管

7. 如图 2.7 所示，该电路中电流大约为（　　　）mA。

A. 9.8　　　　　　　　B. 5.88　　　　　　　　C. 3.92　　　　　　　　D. 0

8. 如图 2.8 所示，若发光二极管的工作电流为 2～10 mA，则电路中限流电阻最大值约为（　　　）kΩ。

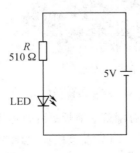
图 2.7　题 7 图

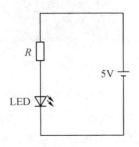
图 2.8　题 8 图

A. 1.5　　　　　　　　B. 0.3　　　　　　　　C. 2.5　　　　　　　　D. 0.5

9. 如图 2.9 所示，若按下按键开关 A 时，该电路的电流约为（　　　）mA。

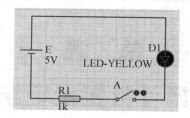

图 2.9　题 9 图

A. 3　　　　　　　　B. 0.3　　　　　　　　C. 5　　　　　　　　D. 0.5

10. 如图 2.10 所示，该电路中电阻的作用是(　　　)。

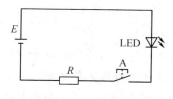

图 2.10　题 10 图

A. 降温　　　　　　B. 限流　　　　　　　C. 升压　　　　　　D. 无作用

第3章
停车场计数显示电路

学习目标

（1）熟悉停车场计数显示电路核心元件 CD4543 和 74LS160 的引脚、功能表、典型应用电路等，深入了解停车场计数显示电路的工作原理。

（2）利用虚拟仿真软件 Proteus 进行虚拟仿真，实现电路原理图设计、调试和仿真，以及系统测试与功能验证。熟悉电路特性，观察电路预期效果，为课堂线下实训打下坚实基础。

一辆汽车驶入停车场，车位计数指示牌上的数字会增加 1，那么如何实现停车场车位数量的实时显示呢？我们可以通过亲手制作停车场计数显示电路来实现。本章将初步实现一位十进制的加法计数。如果想实现多位十进制计数，可进行计数器的级联；如果想做到可加可减的计数显示，就必须使用可逆计数器。

3.1 电路概述

1. 七段数码管

由发光二极管(LED)组成的七段数码管是目前常用的数码显示器件之一，一般由 a、b、c、d、e、f、g 七段发光段组成。根据需要，让其中的某些段发光，即可显示数字 0～9 和特殊英文字符，可用于二进制、十进制和一些特殊字符的显示，应用非常广泛和方便。此外，D.P 段发光二极管还能够显示小数点，如图 3.1 所示。七段数码管共有 10 个引脚，其

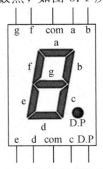

图 3.1　七段数码管引脚图

中上、下的公共端(com)在内部是连在一起的,使用时只需连接其中一个引脚。

如前所述,数码管按内部结构的不同可分为共阳极数码管和共阴极数码管。

1) 共阳极数码管

共阳极数码管的内部结构如图 3.2(a)所示,其可以转化成图 3.2(b)所示的结构。从图 3.2(b)中可以看到所有发光二极管的阳极连在一起接 com 端。要想点亮 a 段,必须将 com 端接电源$+V_{cc}$,引脚 a 接低电平"0",同时为了防止电流过大,电路中需要串联限流电阻。这样电流会从电源流经限流电阻、a 段发光二极管到达 a 点,a 段被点亮。其他段点亮方法与 a 段点亮方法类似。

2) 共阴极数码管

共阴极数码管内部所有发光二极管的阴极连在一起接 com 端,如图 3.2(c)所示。要想点亮 a 段,必须将 com 端接地,引脚 a 接高电平"1",同时接上限流电阻。这样电流会从 a 点流经发光二极管到达 com 端,再经限流电阻流到地,a 段被点亮。其他段点亮方法与 a 段点亮方法类似。

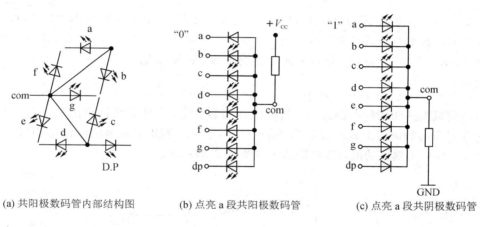

(a) 共阳极数码管内部结构图　(b) 点亮 a 段共阳极数码管　(c) 点亮 a 段共阴极数码管

图 3.2　数码管接线图

2. CD4543 字符显示译码器

将数码管的引脚接低电平"0"或高电平"1",就能控制不同的段码来显示数字 0~9 及特殊英文字符。但是段码位数太多,能否将段码位数减小而达到同样的显示效果?这里介绍的字符显示译码器 CD4543 就能完成此功能。

计算机是通过二进制数原理进行工作的,而生活中常用的是十进制数,那么如何实现两者之间的转换呢?利用二进制数码表示十进制数的编码方法称为二-十进制编码,简称 BCD(Binary Coded Decimal)码。日常使用较多的是 8421BCD 码,它与十进制数的对应关系如表 3.1 所示。

表 3.1 十进制数对应的 8421BCD 码

十进制数	8421BCD 码
0	0000
1	0001
2	0010
3	0011
4	0100
5	0101
6	0110
7	0111
8	1000
9	1001

 小 知 识

　　日常使用较多的是 8421BCD 码，除此之外，还有 5421BCD 码和 2421BCD 码，这三者之间的区别为最高位的位权不同。比如 1000，若为 8421BCD 码，则对应的十进制数为 8；若为 5421BCD 码，则对应的十进制数为 5；若为 2421BCD 码，则对应的十进制数为 2。

　　能够完成上述功能的电路称为字符显示译码器。譬如，计算机输出的数字是 1001，我们希望在对应的数码管上显示数字 9，如图 3.3(a) 所示。利用字符显示译码器 CD4543 作为中间电路，便可实现该功能，其电路结构如图 3.3(b) 所示。

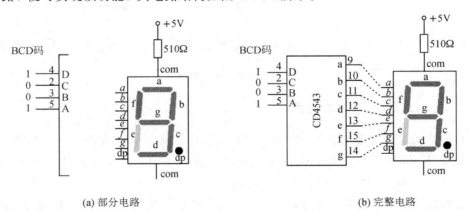

(a) 部分电路　　　　　　　　　(b) 完整电路

图 3.3 将 BCD 码转化为十进制数显示

　　图 3.4 是 CD4543 的引脚图和原理图。图 3.4(a) 中：D、C、B、A 为四位二进制形式的输入端；PH、$\overline{LE}$、BI 为芯片的功能控制端；a、b、c、d、e、f、g 为输出端，能驱动数码管显示十进制数；V_{DD} 为电源正极端；V_{SS} 为电源负极端。

　　不妨将 CD4543 的输出接共阳极数码管，当输入 $DCBA=0000$ 时，CD4543 将输入的四位二进制数 0000 译出为 $abcdefg=0000001$，驱动共阳极数码管的 a、b、c、d、e、f 六段

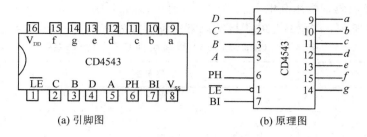

(a) 引脚图 (b) 原理图

图 3.4 CD4543 的引脚图和原理图

发光，而 g 段不发光，从而显示出数字"0"，如图 3.5(a)所示。当输入 $DCBA=0001$ 时，CD4543 将其译出为 $abcdefg=1001111$，驱动共阳极数码管的 b、c 段发光，而 a、d、e、f、g 段不发光，从而显示出数字"1"，如图 3.5(b)所示。以此类推，可以得到 CD4543 驱动共阳极数码管的功能表，如表 3.2 所示。

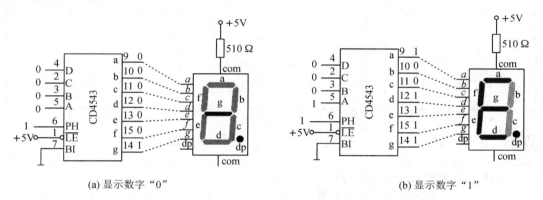

(a) 显示数字"0" (b) 显示数字"1"

图 3.5 CD4543 驱动共阳极数码管电路图

表 3.2 CD4543 驱动共阳极数码管的功能表

输入(8421BCD 码)				输出(共阳极数码管)							显示字符
D	C	B	A	a	b	c	d	e	f	g	十进制字符
0	0	0	0	0	0	0	0	0	0	1	显示字符"0"
0	0	0	1	1	0	0	1	1	1	1	显示字符"1"
0	0	1	0	0	0	1	0	0	1	0	显示字符"2"
0	0	1	1	0	0	0	0	1	1	0	显示字符"3"
0	1	0	0	1	0	0	1	1	0	0	显示字符"4"
0	1	0	1	0	1	0	0	1	0	0	显示字符"5"
0	1	1	0	0	1	0	0	0	0	0	显示字符"6"
0	1	1	1	0	0	0	1	1	1	1	显示字符"7"
1	0	0	0	0	0	0	0	0	0	0	显示字符"8"
1	0	0	1	0	0	0	0	1	0	0	显示字符"9"

由于共阴极数码管是用高电平点亮的，因此可以得到 CD4543 驱动共阴极数码管的功能表，如表 3.3 所示，注意其与共阳极数码管的不同之处。

表 3.3　CD4543 驱动共阴极数码管的功能表

输入（8421BCD 码）				输出（共阴极数码管）							显示字符
D	C	B	A	a	b	c	d	e	f	g	十进制字符
0	0	0	0	1	1	1	1	1	1	0	显示字符"0"
0	0	0	1	0	1	1	0	0	0	0	显示字符"1"
0	0	1	0	1	1	0	1	1	0	1	显示字符"2"
0	0	1	1	1	1	1	1	0	0	1	显示字符"3"
0	1	0	0	0	1	1	0	0	1	1	显示字符"4"
0	1	0	1	1	0	1	1	0	1	1	显示字符"5"
0	1	1	0	1	0	1	1	1	1	1	显示字符"6"
0	1	1	1	1	1	1	0	0	0	0	显示字符"7"
1	0	0	0	1	1	1	1	1	1	1	显示字符"8"
1	0	0	1	1	1	1	1	0	1	1	显示字符"9"

 小　知　识

CD4543 共有三个功能控制端，其功能如下。

（1）BI：灭灯控制端，高电平有效，优先级别最高。当 BI 为高电平时，数码管黑屏。因此，正常工作时，BI 应接低电平。

（2）$\overline{LE}$：锁存控制端，低电平有效，优先级第二。当 $\overline{LE}$ 为低电平时，译码器输出端将锁存上一次的输出，不对目前输入做出响应。因此，正常工作时，$\overline{LE}$ 应接高电平。

（3）PH：相位转换控制端。当 PH 为高电平时，CD4543 芯片输出驱动共阳极数码管；当 PH 为低电平时，CD4543 芯片输出驱动共阴极数码管。

因此，如果要正常按照 D、C、B、A 的赋值来驱动数码管显示对应的十进制数，就必须使灭灯控制端 BI 和锁存控制端 $\overline{LE}$ 不起作用，即令 BI＝0，$\overline{LE}$＝1，而 PH 则根据数码管的类型置为高电平或低电平。

3. 74LS160 计数器

这里选择十进制加法计数器 74LS160 来自动记录进入停车场的汽车数量。图 3.6 是 74LS160 的引脚图和原理图。

74LS160 的功能表如表 3.4 所示。

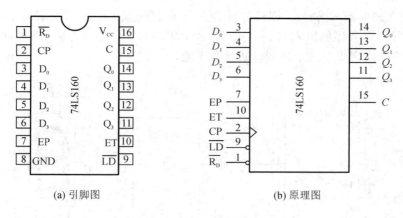

(a) 引脚图　　　　　　　　(b) 原理图

图 3.6　74LS160 的引脚图和原理图

表 3.4　74LS160 的功能表

输　　入									输　　出			
$\overline{R_D}$	$\overline{LD}$	ET	EP	CP	D_0	D_1	D_2	D_3	Q_0	Q_1	Q_2	Q_3
0	×	×	×	×	×	×	×	×	0	0	0	0
1	0	×	×	↑	d_0	d_1	d_2	d_3	d_0	d_1	d_2	d_3
1	1	1	1	↑	×	×	×	×	计　　数			
1	1	0	×	×	×	×	×	×	保　　持			
1	1	×	0	×	×	×	×	×	保　　持			

（1）当 $\overline{R_D}$ 为低电平时，无论其他各输入端的状态如何，输出 Q_3、Q_2、Q_1、Q_0 均被置 0，即该计数器被清零。

（2）当 $\overline{LD}$ 为低电平时，在 CP 脉冲的上升沿到来时能将 $D_0 \sim D_3$ 的数据送到 $Q_0 \sim Q_3$。

（3）当 $\overline{R_D}$、$\overline{LD}$、ET 和 EP 均为高电平时，计数器处于计数状态，$Q_3 \sim Q_0$ 对脉冲 CP 的上升沿进行加法计数，该计数器的状态图如图 3.7 所示。

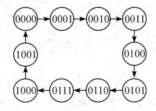

图 3.7　74LS160 的状态图

（4）当 $\overline{R_D}$ 和 $\overline{LD}$ 为高电平，且 ET 和 EP 中有一个为 0 时，计数器处于保持状态。

4. 停车场计数显示电路的工作原理

停车场计数显示电路原理图如图 3.8 所示。当有一辆汽车驶入停车场时，74LS160 的 2 引脚 CP 端会接收到一个上升沿脉冲，计数器输出的 Q_3、Q_2、Q_1、Q_0 会在原来数据基础上加 1。比如原来的状态是 0011，则接收脉冲后状态会变成 0100。计数器输出的 Q_3、Q_2、Q_1、Q_0 加到显示译码器的输入 D、C、B、A 上，驱动共阳极数码管显示对应的数据，即从 3 变为 4，这样就实现了一位十进制加法计数功能。

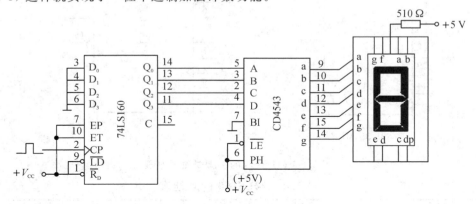

图 3.8 停车场计数显示电路原理图

3.2 // 电路虚拟仿真

停车场计数显示电路虚拟仿真图如图 3.9 所示，虚拟仿真实训元件清单如表 3.5 所示。

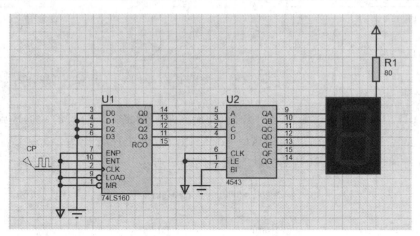

图 3.9 停车场计数显示电路虚拟仿真图

表 3.5 停车场计数显示电路虚拟仿真实训元件清单

元件名	类	子类	数量	参数	备注
RES	Resistors	Generic	1	80 Ω	电阻
74LS160	TTL 74LS series	Counters	1	—	计数器
4543	CMOS 4000 series	Decoders	1	—	显示译码器
7SEG-COM-ANODE	Optoelectronics	7-segment Displays	1	—	共阳极数码管

停车场计数显示虚拟仿真电路完成后，点击 Proteus 工具栏中的""图标，在弹出的对话框中点击"DCLOCK"，为停车场计数显示电路添加虚拟时钟脉冲。然后点击仿真按钮，随着脉冲的输入，数码管显示从 0 开始加 1，直到 9，再回到 0，开始一段新的循环。

3.3 // 电路的制作与测试

1. 停车场计数显示电路元件清单

停车场计数显示电路元件清单如表 3.6 所示。

表 3.6 停车场计数显示电路元件清单

元件名称	参数/规格	数量	元件名称	参数/规格	数量
电阻	510 Ω	2	数码管	共阳极数码管	1
IC	CD4543	1	数码管	共阴极数码管	1
IC	74LS160	1	导线	红、黄、黑等	若干
面包板	—	1			

2. 停车场计数显示电路制作流程

1）共阳极数码管显示数字"1"

取一块面包板，上面一排接电源正极，下面一排接电源负极，即虚拟地（注意：接电源正极的导线一般用红色，接地的导线一般用黑色）。再取一个共阳极数码管，跨槽插入面包板，从 com 端连一个 510 Ω 的限流电阻到 5 V 电源正极，b、c 两引脚接地。打开电源开关，共阳极数码管的 b、c 两段点亮，显示数字"1"，如图 3.10 所示。

利用面包板显示 0～9 十个数字

图 3.10 共阳极数码管显示数字"1"电路接线图

2）共阳极数码管显示数字"2"

接着再显示一个数字"2"。"2"是 a、b、d、e、g 五段都亮，com 端仍然连一个 510 Ω 电阻到 5 V 电源正极，a、b、d、e、g 五个引脚都接地。打开电源开关，共阳极数码管的 a、b、d、e、g 五段点亮，显示数字"2"，如图 3.11 所示。

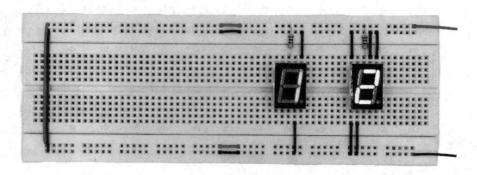

图 3.11 共阳极数码管显示数字"2"电路接线图

3）共阴极数码管显示特殊英文字符

数码管不仅能显示常用的 0～9 十个数字，还能显示一些特殊的英文字符。比如表示通过时显示字符 P(Pass)，表示失败时显示字符 F(Fail)。这里选用一个共阴极数码管来显示字母"P"。先将共阴极数码管的 com 端通过 510 Ω 电阻接地，再将共阴极数码管的 a、b、e、f、g 五个引脚接电源正极。打开电源开关，共阴极数码管的 a、b、e、f、g 五段点亮，显示字符"P"，如图 3.12 所示。

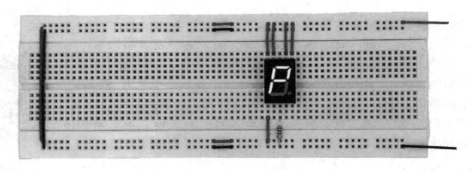

图 3.12 共阴极数码管显示字母"P"电路接线图

4）字符显示译码器 CD4543 驱动数码管显示 0～9

将 CD4543 和共阳极数码管跨槽并排插入面包板，其中 CD4543 的 16 引脚接电源，8 引脚接地。然后将 CD4543 三个控制端 1、6、7 引脚按图 3.5 连接好，输出端 a、b、c、d、e、f、g 连到数码管的相应引脚上。比如连 a 段，就是将 CD4543 的 9 引脚连到数码管的 7 引脚；连 b 段，就是将 CD4543 的 10 引脚连到数码管的 6 引脚，以此类推。当输入 $DCBA$ =0000 时，就是将 D、C、B、A 都接地。打开电源开关，数码管将显示"0"，如图 3.13 所示。

当输入 $DCBA$ =0001 时，就是将 A(5 引脚)接电源正极，D、C、B 依旧保持接地。打开电源开关，数码管显示"1"，如图 3.14 所示。其他数字显示接线图可参考表 3.1。

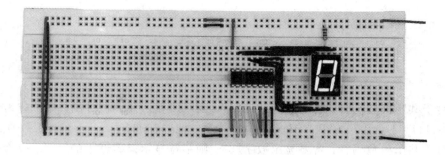

图 3.13　字符显示译码器驱动数码管显示数字"0"

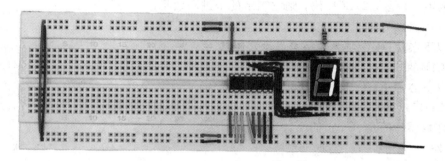

图 3.14　字符显示译码器驱动数码管显示数字"1"

5）停车场计数显示电路

将 74LS160 放在 CD4543 的左边，利用面包板搭建一个一位十进制加法计数显示电路。先将 74LS160 的电源接好（16 引脚接电源正极，8 引脚接地），按照图 3.8 接好 74LS160 的清零端、置数端、数据输入端、计数控制端，然后将输出端 Q_3、Q_2、Q_1、Q_0 连到 CD4543 的输入端 D、C、B、A上。打开信号发生器，调出 2 Hz 的方波加到 74LS160 的 2 引脚脉冲输入端。打开电源开关，这时可以看到数码管显示 0、1、2 直到 9，然后再重新显示 0，开始新一轮计数，如图 3.15 所示。

停车场计数
显示电路

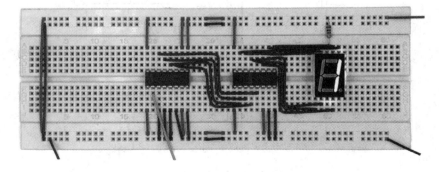

图 3.15　停车场计数显示电路图

习　题　3

1. 对于共阴极数码管，若要显示数字"6"，则字符显示译码器中的 $a \sim g$ 应为（　　）。

　A. 0111111　　　　　B. 0100000　　　　　C. 1100000　　　　　D. 1011111

2. 对于共阳极数码管，若要显示数字"3"，则字符显示译码器中的 $a \sim g$ 应为（　　）。

　A. 0111111　　　　　B. 0000110　　　　　C. 1111001　　　　　D. 1011111

3. 若 0110 是 8421BCD 码，则它表示的十进制数是（　　）。

　A. 3　　　　　　　　B. 4　　　　　　　　C. 5　　　　　　　　D. 6

4. 以下芯片中，（　　）是字符显示译码器。

　A. CD4543　　　　　B. CD4017　　　　　C. 74LS160　　　　　D. 74LS00

5. 以下芯片中，（　　）是计数器。

　A. CD4543　　　　　B. CD4017　　　　　C. 74LS160　　　　　D. 74LS00

6. 计数器计的是（　　）的个数。

　A. 秒　　　　　　　B. 分　　　　　　　C. 小时　　　　　　D. 脉冲

7. 74LS160 是（　　）计数器。

　A. 二进制　　　　　B. 八进制　　　　　C. 十进制　　　　　D. 十六进制

8. 74LS160 是（　　）计数器。

　A. 加法　　　　　　B. 减法　　　　　　C. 可逆　　　　　　D. 以上都不是

9. 如图 3.16 所示，数码管显示的数字为"9"，则 CD4543 的输出 $abcdefg =$（　　）。

　A. 0001111　　　　　B. 1111011　　　　　C. 0000100　　　　　D. 1110000

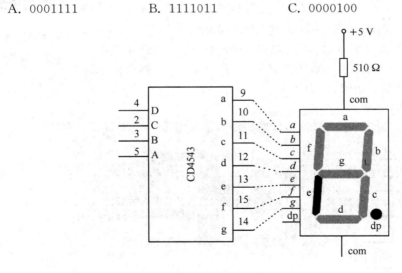

图 3.16　题 9 图

10. 如图 3.17 所示，如果输入 $DCBA = 0100$，则数码管显示的数字是（　　）。

　A. 3　　　　　　　　B. 4　　　　　　　　C. 5　　　　　　　　D. 6

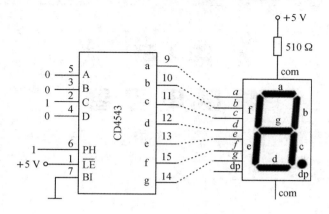

图 3.17 题 10 图

11. 如图 3.18 所示，如果输入 $DCBA=1010$，则数码管显示(   )。

A. 10   B. A   C. 5   D. 黑屏

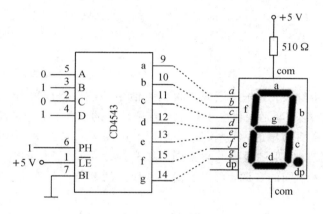

图 3.18 题 11 图

12. CD4543 中 1 引脚 $\overline{\text{LE}}$ 的名称是(   )。

A. 相位转换控制端   B. 灭灯控制端   C. 锁存控制端   D. 清零端

13. CD4543 中 7 引脚 BI 的名称是(   )。

A. 相位转换控制端   B. 灭灯控制端   C. 锁存控制端   D. 清零端

14. CD4543 中 6 引脚 PH 的名称是(   )。

A. 相位转换控制端   B. 灭灯控制端   C. 锁存控制端   D. 清零端

15. 74LS160 中 1 引脚 $\overline{\text{R}}_\text{D}$ 的功能是(   )。

A. 同步清零   B. 异步清零   C. 同步置数   D. 异步置数

16. 74LS160 中 9 引脚 $\overline{\text{LD}}$ 的功能是(   )。

A. 同步清零   B. 异步清零   C. 同步置数   D. 异步置数

第4章
简 易 电 子 琴

学习目标

（1）熟悉简易电子琴音调与频率的关系，熟悉 NE555 构成多谐振荡器产生矩形波信号的原理，深入了解简易电子琴电路的工作原理，会选取合适的定值电阻。

（2）利用虚拟仿真软件 Proteus 进行虚拟仿真，实现电路原理图设计、调试和仿真，以及系统测试与功能验证。熟悉电路特性，观察电路预期效果，为课堂线下实训打下坚实基础。

随着社会的进步发展，音乐逐渐成为人们生活中的重要组成部分，而各种乐器更是种类繁多，形色各异。电子琴是现代电子技术与音乐结合的产物，是一种简易的键盘乐器，在现代音乐中扮演着重要的角色。本章利用一块时基电路集成块 NE555 和外围元件构成多谐振荡器，通过按键控制电阻的改变获得不同的频率，从而发出不同的音调。装配完成后，按下 8 个按键产生 8 种不同的音调，可以演奏一些简易的歌曲，本实训装配简单，调试方便，性价比高。

4.1 电 路 概 述

1. 任务引入

设计制作一个简易电子琴，首先需要一个发声装置，即扬声器。扬声器又称喇叭，其种类繁多。本实训采用电动式扬声器，它是利用电动原理，把电信号转变为声音信号的电声换能器件。

简易电子琴
电路概述

如图 4.1 所示的各类电信号中，哪个能让扬声器发声呢？声音效果又是怎么样的呢？把这三个信号分别加到扬声器上，图 4.1(a)中的直流信号电压值恒定，不会让扬声器产生振动，不能使扬声器发声。图 4.1(b)中的矩形波信号和图 4.1(c)中的正弦波信号属于交流电信号，都能使扬声器发出声音，但矩形波信号使扬声器发出的声音更响亮、更饱满，因此本章加在扬声器上的信号采用矩形波信号。

确定了矩形波信号作为扬声器的音频信号，那不同频率的矩形波信号使扬声器发出的

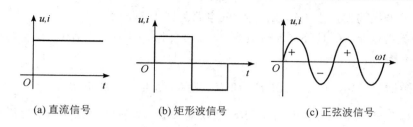

(a) 直流信号 (b) 矩形波信号 (c) 正弦波信号

图 4.1 各类波形电信号

声音是否一样呢？把如图 4.2 所示的两个不同频率的矩形波信号分别加到扬声器上，扬声器发出的声音是不相同的。可见，音调和频率是息息相关的，其关系如表 4.1 所示，例如低 1DO 的频率为 262 Hz，中 1DO 的频率为 523 Hz。要让电子琴弹奏不同的音调，设计电路产生不同频率的矩形波信号，加载到扬声器上就可以实现了。从表 4.1 可知，频率越大，音调越高，频率越小，音调越低。

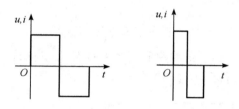

图 4.2 不同频率的矩形波信号

表 4.1 音调与频率的关系

音符	频率/Hz	音符	频率/Hz
低 1DO	262	中 5SO	784
低 2RE	294	中 6LA	880
低 3MI	330	中 7XI	988
低 4FA	349	高 1DO	1046
低 5SO	392	高 2RE	1175
低 6LA	440	高 3MI	1318
低 7XI	494	高 4FA	1397
中 1DO	523	高 5SO	1568
中 2RE	587	高 6LA	1760
中 3MI	659	高 7XI	1967
中 4FA	698		

2. NE555 定时器

NE555 定时器是一种多用途的数字—模拟混合集成电路，利用它能方便地构成施密特触发器、单稳态触发器和多谐振荡器。由于使用灵活、方便，所以 NE555 定时器在波形产生与变换、测量与控制，以及家用电器、电子玩具等许多方面都得到了广泛应用。本实训中

NE555 构成多谐振荡器产生矩形波信号，其电路如图 4.3(a)所示，其中 R_1 和 R_2 是充电电阻，R_2 又是放电电阻，C 是外接定时电容。5 端可外接 $0.01\ \mu$F 电容 C_1 用于防干扰，大部分情况下可不接。

当电源接通后，V_{cc} 通过电阻 R_1 和 R_2 对 C 充电，充至电容电压 $u_C = \dfrac{2}{3}V_{cc}$ 时，NE555 内部电压比较器 A1 输出为 1，RS 触发器被置 0，使得输出端 u_O 为低电平，同时 NE555 内部放电管 VT 导通，电容 C 又要通过 R_2、VT 放电，u_C 下降。当 u_C 下降至 $\dfrac{1}{3}V_{cc}$ 时，NE555 内部电压比较器 A2 输出为 1，RS 触发器被置 1，输出端 u_O 为高电平，VT 截止，电容 C 又重新充电。以后重复以上过程，获得如图 4.3(b)所示的矩形波工作波形，其振荡周期公式为

$$T = T_H + T_L = 0.7(R_1 + R_2)C + 0.7R_2C = 0.7(R_1 + 2R_2)C \tag{4.1}$$

由式(4.1)可得到振荡频率的公式为

$$f = \frac{1}{T} = \frac{1}{0.7(R_1 + 2R_2)C} \tag{4.2}$$

由式(4.2)可知，矩形波信号的频率和三个参数有关，电阻 R_1、电阻 R_2、电容 C，改变三个参数中任意一个，便可得到不同频率的矩形波信号。

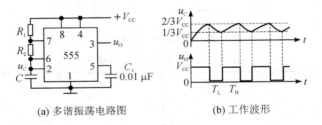

(a) 多谐振荡电路图 　　　　(b) 工作波形

图 4.3　NE555 构成多谐振荡的电路及工作波形

 小 提 示

在式(4.2)中，由于电容 C 的大小不易改变，通常只改变电阻 R_1 和 R_2 来得到不同频率的矩形波信号。但若改变电阻 R_1，由式(4.1)可知，只能改变电容 C 的充电时间，即输出矩形波的高电平时间，低电平时间与电阻 R_1 无关。因此，三个参数中选择改变电阻 R_2 来改变矩形波的输出频率。

3. 简易电子琴电路工作原理

简易电子琴电路原理图如图 4.4 所示，该电路由三部分组成，第一部分为输入端电路，由 8 个按键与各自的定值电阻组成。当 $S_1 \sim S_8$ 8 个不同按键按下时，连接到输入端的电阻是不同的，也就是式(4.2)中电阻 R_2 的阻值是不同的。第二部分为矩形波信号产生电路，根据定值电阻的不同输入，由 NE555 输出端产生不同频率的矩形波信号。第三部分为扬声器输

简易电子琴
电路工作原理

出端电路，该部分接收矩形波信号，把电信号转换为声音信号并发出特定的音调。

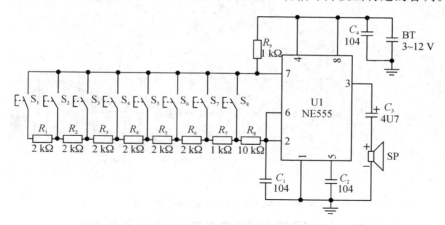

图 4.4　简易电子琴电路原理图

　　下面以 S_1 和 S_8 按键按下为例，分析按下不同的按键来选择不同的定值电阻，从而使 NE555 输出端产生不同频率的矩形波信号。当电源接通时，电源通过 R_9 和定值电阻给电容 C_1 充电，当 S_1 按键按下时，定值电阻的阻值为 $R_1 \sim R_8$ 的阻值之和，即 23 kΩ。当 S_8 按键按下时，定值电阻的阻值仅有 R_8，即 10 kΩ。显然，当 S_8 按键按下时的定值电阻比 S_1 按键按下时的定值电阻阻值要小。由式(4.2)可知，S_8 按键按下时 NE555 产生矩形波的频率更大，音调更高更尖锐。这个电路配备了合适的定值电阻，当 $S_1 \sim S_8$ 8 个按键分别按下时，分别发出低 1DO、低 2RE、低 3MI、低 4FA、低 5SO、低 6LA、低 7XI、中 1DO 8 种不同的音调。

　　电子琴发出不同的音调，定值电阻的阻值又是如何选取的呢？下面以按键 S_8 按下为例，分析如何计算并选取定值电阻。

　　(1) 当 S_8 按键按下时，发出的音调为中 1DO，根据表 4.1 可知，对应的频率为 523 Hz。

　　(2) 选取电阻阻值 $R_9 = 1$ kΩ，电容的容值 $C_1 = 0.1$ μF，根据式(4.2)可得

$$f_8 = \frac{1}{0.7(R_9 + 2R_8)C_1} = \frac{1}{0.7 \times (1 + 2R_8) \times 10^3 \times 0.1 \times 10^{-6}} = 523$$

从而计算得到定值电阻 $R_8 = 13.16$ kΩ ≈ 13 kΩ，本实训定值电阻取值为 $R_8 = 10$ kΩ，与理论值略有差异。

　　通过对简易电子琴电路原理的分析，可了解如何设计和控制电路产生不同频率的矩形波信号，从而发出不同声音的音调。设计者也可根据自己的需求，合理地配备定值电阻的阻值，弹奏出理想的音调和乐曲。

4.2 　 电路虚拟仿真

　　简易电子琴电路虚拟仿真图如图 4.5 所示，虚拟仿真实训元件清单如表 4.2 所示。

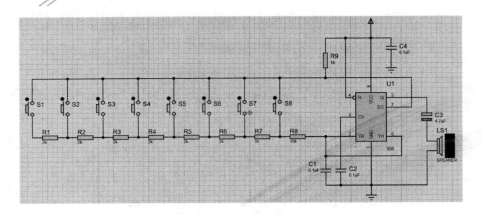

图 4.5　简易电子琴电路虚拟仿真图

表 4.2　简易电子琴电路虚拟仿真实训元件清单

元件名	类	子类	数量	参数	备注
RES	Resistors	Generic	9	2 kΩ, 1 kΩ, 10 kΩ	电阻
CAP	Capacitors	Generic	3	0.1 μF	瓷片电容
CAP-ELEC	Capacitors	Generic	1	4.7 μF	电解电容
BUTTON	Switches & Relays	Switches	8	—	立式开关
NE555	Analog ICs	Timers	1	—	NE555 定时器
SPEAKER	Speakers & Sounders	—	1	—	扬声器

　　简易电子琴虚拟仿真电路设计完成后，点击仿真按钮，依次按下按键 $S_1 \sim S_8$，便可实现低 1DO、低 2RE、低 3MI、低 4FA、低 5SO、低 6LA、低 7XI、中 1DO 8 种不同的音调。

　小 提 示

> 　　在图 4.5 简易电子琴电路虚拟仿真图中，电容 C2 属于滤波电容，主要起滤波作用，大部分情况下可不接。电容 C4 属于退耦电容，一般接于电源的正负极之间，退耦电路能够有效地消除电路网络之间的寄生耦合。

4.3 // 电路的制作与测试

1. 简易电子琴电路元件清单

简易电子琴电路元件清单如表 4.3 所示。

简易电子琴的制作

表 4.3 简易电子琴电路元件清单

元件名称	参数/规格	数量	元件名称	参数/规格	数量
电阻	2 kΩ	6	IC 底座	8 脚 IC 座	1
	1 kΩ	2	针座	XH2.54 2APW 弯针	1
	10 kΩ	1	连接线	XH2.54-2P-1 5CM	1
电解电容	4.7 μF	1	扬声器	8 Ω，0.25W	1
瓷片电容	104	3	MicroUSB	—	1
按键开关	轻触立式	8	数据线		1
按键帽	—	8	PCB	—	1
IC	NE555	1			

2. 简易电子琴电路制作流程

（1）查看 PCB。该 PCB 正反两面都有布线，且两面都有焊盘，因此这是一块双面板。然后大致查看各个元器件的位置和参数，做好焊接装配准备。

（2）焊接 8 脚芯片底座。IC 焊接前需焊接保护性底座，同时观察底座引脚有无缺脚、断脚，焊接时注意 PCB 上的凹槽和底座的凹槽需对齐，底座需紧贴 PCB。

（3）插上芯片 U1。U1 为 8 脚 IC，型号为 NE555，注意 IC 的凹槽也要与底座的凹槽对齐。

（4）焊接电阻 R1～R9。该 PCB 板需焊接 9 个电阻，分别为 2 kΩ 电阻 6 个，1 kΩ 电阻 2 个，10 kΩ 电阻 1 个。焊接前需用万用表对电阻进行测量，然后进行焊接，焊接时需注意电阻需紧贴 PCB，焊接完成后利用斜口钳剪去电阻多余的引脚。

（5）焊接电容 C1～C4。C1、C2 和 C4 为瓷片电容，大小为 0.1 μF，装配时无正负极之分。C3 为 4.7 μF 的电解电容，焊接时需注意电容引脚长脚为正，短脚为负，焊接完成后剪去多余的引脚。

（6）焊接轻触立式开关 S1～S8。这类开关有 4 个引脚，只有一种装配方法，焊接完后利用斜口钳修剪多余的引脚，并给 8 个按键戴上按键帽。

（7）焊接白色 2 脚针座，用于连接扬声器。

（8）焊接扬声器的连接线。将连接线的两端分别焊接到扬声器的两个焊盘上，不区分正负极。焊接完成后将连接线的另一端直接插入 2 脚针座。

（9）焊接 MicroUSB 接口。该接口共有 4 个引脚，由于 PCB 加厚处理，该接口引脚稍短，焊接时应特别注意。

（10）将数据线接口插入 MicroUSB，作为电路的电源引脚。

（11）完成初步焊接后，需检查是否有多余引脚没有剪掉，是否有漏焊虚焊点的存在，IC 是否插上等。制作完成的简易电子琴实物如图 4.6 所示。确认无误后，通电测试，依次按下按键 S1～S8，便可实现低 1DO、低 2RE、低 3MI、低 4FA、低 5SO、低 6LA、低 7XI、中 1DO 8 种不同的音调，读者可尝试弹奏如图 4.7 所示的小星星简易歌谱或自己喜欢的其他曲子。

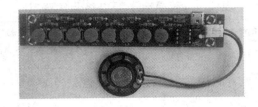

图 4.6 简易电子琴实物图

小 星 星

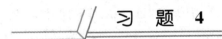

佚名 词曲

$1=C \frac{4}{4}$

1 1 5 5 | 6 6 5 — | 4 4 3 3 | 2 2 1 — | 5 5 4 4 | 3 3 2 — |

一闪一闪　亮晶晶，　满天都是　小星星。　挂在天上　放光明，

5 5 4 4 | 3 3 2 — | 1 1 5 5 | 6 6 5 — | 4 4 3 3 | 2 2 1 — ‖

好像许多　小眼睛。　一闪一闪　亮晶晶，　满天都是　小星星。

图 4.7 小星星歌谱

习 题 4

1. 如图 4.8 所示，该 NE555 定时器组成电路的名称为（　　）。

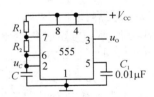

图 4.8 题 1 图

A. 多谐振荡器　　　　B. 单稳态触发器　　　　C. 施密特触发器　　　　D. 示波器

2. 如图 4.8 所示，NE555 的第 3 脚的输出波形为（　　）。

A. 三角波　　　　B. 矩形波　　　　C. 正弦波　　　　D. 方波

3. 如图 4.8 所示，该 NE555 组成电路中第 3 脚输出矩形波脉冲的周期为（　　）。

A. $T=0.7(R_1+R_2)C$　　　　　　　　　B. $T=0.7R_1C$

C. $T=0.7R_2C$　　　　　　　　　　　　D. $T=0.7(R_1+2R_2)C$

4. 如图 4.8 所示，若电阻 $R_1=1$ kΩ，$R_2=13$ kΩ，$C=0.1$ μF，则该 NE555 第 3 脚输出矩形波脉冲的频率约为（　　）Hz。

A. 529　　　　　　B. 460　　　　　　C. 680　　　　　　D. 349

5. 在图 4.4 所示的简易电子琴电路中，当开关 S_7 按下时，NE555 定时器放电时等效电阻为（　　）kΩ。

A. 11　　　　　　　　B. 10　　　　　　　　C. 1　　　　　　　　D. 3

6. 在图 4.4 所示的简易电子琴电路中，电容 C_3 的大小为(　　)μF。

A. 47　　　　　　　　B. 4.7　　　　　　　　C. 0.47　　　　　　　D. 470

7. 在图 4.4 所示的简易电子琴电路中，电容 C_1 的大小为(　　)μF。

A. 0.01　　　　　　　B. 1　　　　　　　　C. 0.1　　　　　　　D. 10

8. 在图 4.4 所示的简易电子琴电路中，电容 C_4 的作用是(　　)。

A. 旁路　　　　　　　B. 退耦　　　　　　　C. 滤波　　　　　　　D. 谐振

9. 在图 4.4 所示的简易电子琴电路中，当开关 S_8 按下时，NE555 第 3 脚输出矩形波频率约为(　　)Hz。

A. 461　　　　　　　　B. 621　　　　　　　　C. 523　　　　　　　D. 680

10. 关于简易电子琴电路，下列说法中正确的是(　　)。

A. 焊接前，不需要观察 PCB 是单面板还是双面板

B. 焊接电阻时，不需要区分电阻的正负极，焊接时电阻尽量紧贴 PCB

C. 焊接芯片(IC)时，不需要焊接保护性底座

D. 焊接电容时，不需要区分电容正负极

11. 如图 4.9 所示，圈出的元器件为(　　)。

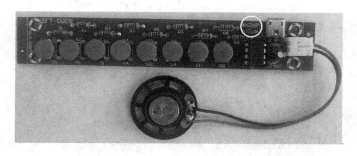

图 4.9　题 11 图

A. 电阻　　　　　　　B. 电容　　　　　　　C. 底座　　　　　　　D. 按键

12. 如图 4.10 所示，圈出的元器件为(　　)。

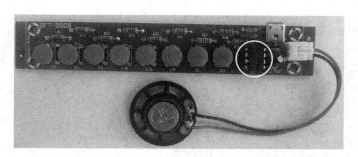

图 4.10　题 12 图

A. 电阻　　　　　　　B. 电容　　　　　　　C. 底座　　　　　　　D. IC

13. 如图 4.11 所示，圈出的元器件为(　　)。

A. 喇叭　　　　　　　B. 电容　　　　　　　C. 按键　　　　　　　D. IC

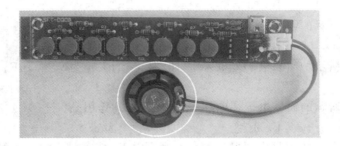

图 4.11 题 13 图

14. 如图 4.12 所示，圈出的元器件为(　　)。

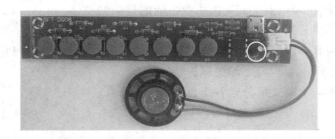

图 4.12 题 14 图

A. 喇叭　　　　　　B. 电容　　　　　　C. 按键　　　　　　D. IC

15. 如图 4.13 所示，圈出的元器件为(　　)。

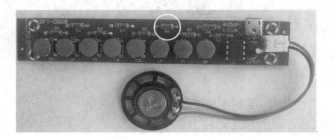

图 4.13 题 15 图

A. 电阻　　　　　　B. 电容　　　　　　C. 底座　　　　　　D. IC

16. 如图 4.14 所示，圈出的元器件为(　　)。

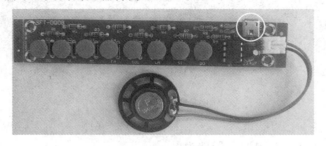

图 4.14 题 16 图

A. 电阻　　　　　　B. 排针　　　　　　C. 针座　　　　　　D. MicroUSB

17. 如图 4.15 所示，圈出的元器件为（　　）。

图 4.15　题 17 图

A. 电阻　　　　　　B. 按键　　　　　　C. 针座　　　　　　D. 电容

18. 如图 4.16 所示，以下不属于该电路的元器件是（　　）。

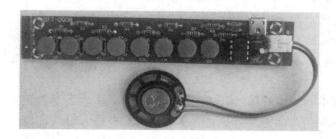

图 4.16　题 18 图

A. 电阻　　　　　　B. 电容　　　　　　C. 针座　　　　　　D. 二极管

19. 关于简易电子琴电路，下列说法中不正确的是（　　）。

A. 简易电子琴可以通过按键发出 8 种不同的音调

B. 简易电子琴可以进行自主设计，增加一些音调

C. 简易电子琴能发出不同音调，关键在于电容大小的改变

D. 简易电子琴可以通过按键弹奏简易曲子

20. 关于简易电子琴装配过程中，下列说法中正确的是（　　）。

A. 电阻不需要区分大小，可随意焊接

B. 电容不需要区分大小和极性，可随意焊接

C. 焊接 IC 时，需焊接保护性的底座，焊接时需注意底座凹槽与 PCB 凹槽对齐

D. 插接 IC 时，不需要区分方向性

第 5 章
七彩炫光五角星流水灯

学习目标

（1）了解什么是单片机，了解单片机的功能和分类，了解七彩快闪 LED 发光原理，熟悉七彩炫光五角星流水灯电路的工作原理。

（2）利用虚拟仿真软件 Proteus 进行虚拟仿真，采用 AT89C51 单片机代替 STC15F204EA 单片机，利用程序控制 8 只 LED 来演示流水灯显示效果。

随着计算机技术的快速发展，如今计算机的应用已深入千家万户。单片微型计算机是制作在一块集成电路芯片上的计算机，简称单片机。小到人们日常使用的电子产品，大到航天飞机、宇宙飞船，上面都有单片机的应用。单片机具有体积小、功能强、功耗低、应用广泛等特点。本章基于 STC15F204EA 单片机控制，由 50 只 LED 组成五角星图案，通过程序控制产生花样流水循环闪烁的显示效果。

5.1　电路概述

1. STC15F204EA 单片机

单片机实际上就是一台没有电源的主机，它将 CPU、主板、内存、硬盘等集成到一个很小的芯片之中，通常称它为单片微型计算机，简称为单片机。通俗地讲，单片机就是一块集成芯片，这块芯片能够实现一些复杂功能，而这些功能需要依靠编程来灵活实现。单片机不像常用的计算机是用来处理文字、计算或者绘图等工作的，它常常用来进行一些更为简单的工作，如电视机遥控器，可实现换台、调节声音和图像亮度等工作，这时候遥控器就相当于计算机的键盘，单片机则在电视机里面，显示器就是电视机的屏幕。

单片机的种类很多，功能强大，世界上很多公司都在研发单片机，型号功能都不尽相同。有些单片机功能是单一的，专门用来处理某一种任务，如遥控器使用的单片机。有些单片机可以通过编写不同的程序来实现不同功能，如常见的 AVR 单片机、PIC 单片机、MSP430 系列单片机和 MCS－51 系列单片机。MCS－51 系列单片机是在 20 世纪 80 年代发展起来的，距今已有几十年的历程，相对 ARM 等 32 位的高性能单片机，MCS－51 系列单片机只是 8 位单片机,但因其丰富的技术资源、较低的学习门槛和较高的性价比,其在市场上仍有广泛的应用前景。MCS-51 系列单片机是由美国 Intel 公司生产的一系列单片机的总称,现在一般指 51 内核单片机的总称,简称 51 单片机。全世界有很多公司生产 51 内核单片机,尽管功能不同,但都是 51 单片机派生产品。

STC 公司生产的 STC 系列单片机,是 51 单片机的派生产品,它在指令系统、硬件结构和片内资源上与标准 51 单片机完全兼容。STC 系列单片机具有速度高、功耗低、在系统可编程(ISP)、在应用可编程(IAP)等优点,大大提高了 51 单片机的性能,性价比极高。本实训使用的 STC15F204EA 是宏晶科技公司生产的单时钟/机器周期的单片机,外观如图 5.1 所示。该单片机共有 28 个引脚,26 个通用 I/O 口,8 通道,10 位高速 ADC,内部集成高精度 R/C 时钟,±1% 温漂,5~35 MHz 宽范围可设置,彻底省掉外部昂贵的晶振时钟,降低了成本。

图 5.1　STC15F204EA 单片机外观图

2. 七彩快闪 LED

发光二极管是一种将电能转化为光能的发光器件,简称 LED。本实训采用的是 5 mm 七彩快闪 LED,如图 5.2 所示。

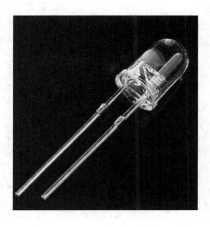

图 5.2　5 mm 七彩快闪 LED

七彩快闪 LED 与普通 LED 略有不同,七彩快闪 LED 的管壳里封装了 3 个超高亮的 LED 芯片,颜色分别是红、绿、蓝,同时还封装了一个频闪芯片。基于三基色发光原理,七彩快闪 LED 可循环发出不同颜色不同频闪的光。由于七彩快闪 LED 能发出不同的光,同时具有周期性，多用于制作广告字、灯箱背光源、点光源、灯饰产品、电子仪器、家具装饰玩具礼品等，有着非常广泛的应用。

3. 七彩炫光五角星流水灯电路工作原理

七彩炫光五角星流水灯电路原理如图 5.3 所示，左上角为电源座和开关组成电源电路，左下角为 STC15F204EA 单片机，此单片机内置复位电路和晶振电路，可通过程序进行复位和修改时钟频率，无需外接复位和晶振硬件电路。右边是七彩快闪 LED 和限流电阻组成的五角星流水灯电路，由于单片机的 I/O 口数目有限，因此需要一个单片机的 I/O 口同时控制两个 LED 的亮灭，所有 LED 正极串联限流电阻接到电源 V_{CC}，两个 LED 负极接在一起再连接到单片机的 I/O 口，由单片机的 I/O 口输出高低电平来控制两个 LED 的亮灭。如果单片机的 I/O 口输出高电平，那么 LED 和限流电阻两端都是高电平，LED 不亮；如果单片机的 I/O 口输出低电平，那么 LED 和限流电阻的正极一边是 V_{CC}，负极一边是低电平，LED点亮。

七彩炫光五角星流水灯工作原理

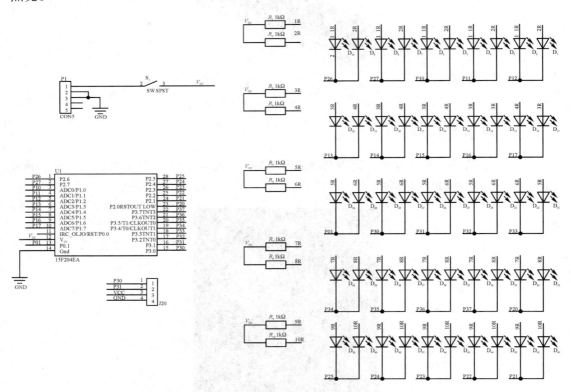

图 5.3　七彩炫光五角星流水灯电路原理图

本实训由 50 只七彩快闪 LED 摆成五角星图案，当电源开关接通后，在 STC15F204EA 单片机编程的控制下，单片机任意一个 I/O 口输出低电平，对应的两个 LED 就会被点亮，可以编程控制每两个 LED 在某一时刻点亮，然后连续不断被点亮和熄灭的 LED 组合起来，就可以呈现多姿多彩和美轮美奂的流水灯显示效果。

5.2 // 电路虚拟仿真

　　由于 STC15F204EA 是国产宏晶科技公司生产的单片机，而 Proteus 虚拟仿真软件元件库尚未收录此单片机，因此本虚拟仿真实训采用 AT89C51 单片机代替 STC15F204EA 单片机，同时利用 8 只 LED 来演示流水灯显示效果。

1. 硬件设计

　　七彩炫光流水灯虚拟仿真电路如图 5.4 所示，虚拟仿真实训元件清单如表 5.1 所示。

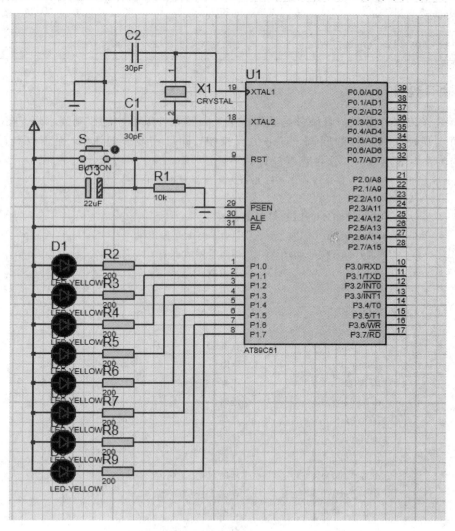

图 5.4　七彩炫光流水灯硬件电路虚拟仿真图

表 5.1　七彩炫光流水灯电路虚拟仿真实训元件清单

元件名	类	子类	数量	参数	备注
RES	Resistors	Generic	9	200 Ω，10 kΩ	电阻
CAP	Capacitors	Generic	2	30 pF	瓷片电容
CAP-ELEC	Capacitors	Generic	1	22 μF	电解电容
CRYSTAL	Miscellaneous	—	1	12 MHz	晶体振荡器
BUTTON	Switches & Relays	Switches	1	—	立式开关
AT89C51	Microprocessor ICs	8051 Family	1	—	51 单片机
LED-YELLOW	Optoelectronics	LEDs	8	—	发光二极管

2. 软件设计

　　七彩炫光流水灯虚拟仿真硬件电路完成后，需要软件编程才能控制流水灯。在 Proteus 软件中可实现硬件和软件的联调，点击仿真按钮，即可实现 8 只 LED 逐步点亮，循环不止，达到流水灯显示效果。软件程序设计如下：

```
※※※※※※※※※※※※※※※※※※※※※※※※※※※※※
//程序名：LED. C
//功能：P1 口控制 8 个 LED 灯逐步点亮
#include <reg51.h>            //包含 reg51. h 头文件
void    delay(unsigned char i);  //延时子函数声明
void    main()                //主函数
{
    while(1)
    {
        P1＝0xfe；             //点亮 D1
        delay(200)；          //延时
        P1＝0xfc；             //点亮 D1～D2
        delay(200)；          //延时
        P1＝0xf8；             //点亮 D1～D3
        delay(200)；          //延时
        P1＝0xf0；             //点亮 D1～D4
        delay(200)；          //延时
        P1＝0xe0；             //点亮 D1～D5
        delay(200)；          //延时
        P1＝0xc0；             //点亮 D1～D6
        delay(200)；          //延时
        P1＝0x80；             //点亮 D1～D7
        delay(200)；          //延时
```

```
        P1＝0x00;                 //点亮 D1～D8
        delay(200);              //延时
        }
    }
void  delay(unsigned char i)      // 延时子函数 delay,无符号字符型变量 i 为形式参数
{
    unsigned char j, k;           // 定义无符号字符型变量 j 和 k
    for(k＝0; k＜i; k＋＋)        // 下面的 for 语句执行 i 次
        for(j＝0; j＜255; j＋＋);  // ";"空语句执行 255 次
}
```

※※※※※※※※※※※※※※※※※※※※※※※※※※※※※※※※※※※※※※

5.3 // 电路的制作与测试

1. 七彩炫光五角星流水灯电路元件清单

七彩炫光五角星流水灯电路元件清单如表 5.2 所示。

表 5.2　七彩炫光五角星流水灯电路元件清单

元件名称	参数/规格	数量	元件名称	参数/规格	数量
电阻	1 kΩ	10	开关	PS-22F02	1
单片机	STC15F204EA	1	IC 底座	28 脚 IC 座	1
七彩快闪 LED	5 mm	50	双通铜柱	M3×10	4
DC 插座	—	1	螺丝	M3×6	4
电源线	—	1	PCB	—	1

2. 七彩炫光五角星流水灯电路制作流程

（1）查看 PCB。该 PCB 正反两面都有布线,且两面都有焊盘,因此这是一块双面板。然后大致查看各个元器件的位置和参数,做好焊接装配准备。

（2）焊接电阻 R1～R10。该 PCB 需焊接 10 个电阻,阻值全部为 1 kΩ。焊接前需用万用表对电阻进行测量,然后进行焊接,焊接时需注意电阻需紧贴 PCB,焊接完成后利用斜口钳剪去电阻多余的引脚。

（3）焊接电源插座和开关。电源插座和开关均需安装在 PCB 的反面,在正面焊接,特别注意开关装配时手柄需装配在 PCB 的外侧。

（4）焊接 28 脚单片机芯片底座。IC 焊接前需焊接保护性底座,同时观察底座引脚有无缺脚、断脚,焊接时注意 PCB 上的凹槽和底座的凹槽需对齐,底座需紧贴 PCB。

七彩炫光五角星
流水灯电路制作

（5）焊接 50 只七彩快闪发光二极管 D1～D50。发光二极管引脚有正负之分，长脚为正，短脚为负，焊接时务必注意按 PCB 标出的正负极性安装 LED，尽量使 LED 紧贴 PCB，保持高度一致，焊接完成后剪去多余的引脚。

（6）插上单片机芯片。芯片为 28 脚 IC，型号为 STC15F204EA，注意 IC 的凹槽也要与底座的凹槽对齐，必要时可以借助镊子进行辅助安装。

（7）安装双通铜柱。在 PCB 的四个脚利用螺丝安装 4 个双通铜柱。

（8）完成初步焊接后，需检查是否有多余引脚没有剪掉，是否有漏焊虚焊点的存在，IC 是否插上等。制作完成的七彩炫光五角星流水灯实物如图 5.5 所示。确认无误后，插上电源线通电测试，观察七彩炫光五角星流水灯炫彩霓虹灯效果。

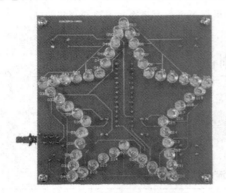 

(a) 五角星流水灯的正面   (b) 五角星流水灯的反面

图 5.5   七彩炫光五角星流水灯实物图

习   题   5

1. 如图 5.6 所示，圈出的元器件为（   ）。

图 5.6   题 1 图

A. 电阻   B. 二极管   C. 开关   D. 芯片

2. 如图 5.7 所示,圈出的元器件为(　　)。

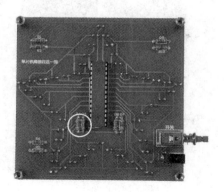

图 5.7　题 2 图

A. 电阻　　　　　　B. 二极管　　　　　　　C. 开关　　　　　　D. 芯片

3. 如图 5.8 所示,圈出的元器件为(　　)。

图 5.8　题 3 图

A. 开关　　　　　　B. LED　　　　　　　　C. DC 插座　　　　D. 芯片

4. 如图 5.9 所示,圈出的元器件为(　　)。

图 5.9　题 4 图

A. 电阻　　　　　　B. LED　　　　　　　　C. 二极管　　　　　D. 芯片

5. 如图 5.10 所示,圈出的元器件为(　　)。

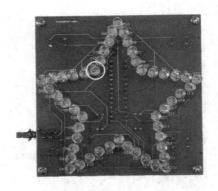

图 5.10　题 5 图

　A. 电阻　　　　　　　　B. LED　　　　　　　　C. 二极管　　　　　　　D. 芯片

6. 关于七彩炫光五角星流水灯电路，以下说法中正确的是（　　）。

　A. 焊接 LED 时可以随意焊接，无需区分正负极

　B. 焊接时可以直接焊接芯片

　C. 焊接电阻前，应用万用表先进行测量，确保无误后再焊接

　D. 焊接开关时，不用区分开关手柄的方向

7. 关于七彩炫光五角星流水灯电路现象，以下说法中正确的是（　　）。

　A. LED 只亮一次

　B. LED 只亮二次

　C. LED 点亮方式多样，由单片机 STC15F204EA 内部程序设定

　D. LED 只亮三次

8. 在七彩炫光五角星流水灯电路中，下列电压能正常点亮一个 LED 的是（　　）。

　A. 1 V　　　　　　　　B. 2 V　　　　　　　　C. 0.5 V　　　　　　　D. 5 V

9. 在图 5.3 中，若需点亮发光二极管 D_1 和 D_2，则 P12 应接（　　）。

　A. 1　　　　　　　　　B. 0　　　　　　　　　C. 1 或 0　　　　　　　D. 高电平

10. 在图 5.3 中，若 P17－P10＝01010101，则下列 LED 会点亮的是（　　）。

　A. D_1　　　　　　　　B. D_{15}　　　　　　　C. D_6　　　　　　　　D. D_{17}

第6章

电子幸运转盘

学习目标

（1）熟悉电子幸运转盘电路核心元件 NE555 和 CD4017 芯片引脚、功能表、典型应用电路等。深入了解电子幸运转盘电路的工作原理。

（2）利用虚拟仿真软件 Proteus 进行虚拟仿真，实现电路原理图设计、调试和仿真，以及系统测试与功能验证。熟悉电路特性，观察电路预期效果，为课堂线下实训打下坚实基础。结果显示 Proteus 虚拟仿真实训与硬件电路实训结果几乎一致。

现在很多商家会通过抽奖活动来吸引消费者，以实现人们的购物狂潮，其中电子幸运转盘已成为各大商家进行促销活动的首选。电子幸运转盘便是一种应用了电子技术的游戏，还有诸如电子骰子、抽奖机等。本章实训把 10 只 LED 配置成一个圆圈，当按下按键后，每只 LED 按顺序轮流发光，流动速度越来越慢，最后停在某一只 LED 上不再移动。若最后发亮的那个 LED 与玩家预测的相同，则表示"中奖"了。

6.1 电 路 概 述

1. NE555 定时器

NE555 定时器的相关知识可参考 4.1 小节，此处不再赘述。

2. CD4017 脉冲分配器

CD4017 是一个十进制计数/脉冲分配器，它的内部由计数器及译码器两部分组成。其 16 脚以及 8 脚分别为正、负电源引脚，可在 3～15 V 下工作。14 脚（CLK）是脉冲输入端，上升沿有效，每当输入端由低电位转高电位时，输出端依次序轮流输出高电位。13 脚（$\overline{CE}$）是输入控制端，低电平有效。15 脚（CLR）是清零端，高电平有效，一般接零电位，若接高电平，则输出端清零。CD4017 外引脚图及功能表如图 6.1 所示（外引脚图中 16 脚、8 脚未画出）。

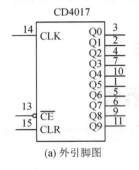

图 6.1　CD4017 十进制计数/分配器

3. 电子幸运转盘电路工作原理

电子幸运转盘
电路工作原理

电子幸运转盘电路原理图如图 6.2 所示，脉冲产生器由 NE555 及外围元件构成多谐振荡器，当按下按键 S_1 时 T_1 导通，NE555 的 3 脚输出矩形波脉冲，则 CD4017 的 10 个输出端轮流输出高电平驱动 10 只 LED 轮流发光。松开按键 S_1 后，由于有电容 C_1 的存在，T_1 不会立即截止，随着 C_1 两端电压的下降，T_1 的导通程度逐渐减弱，3 脚输出脉冲的频率变慢，LED 移动频率也随之变慢。最后当 C_1 放电结束后，T_1 截止，NE555 的 3 脚不再输出矩形波脉冲，LED 发光停止移动。一次"开奖"过程就这样完成了。R_2 决定 LED 轮流发光的移动速度，C_1 决定等待"开奖"的时间。

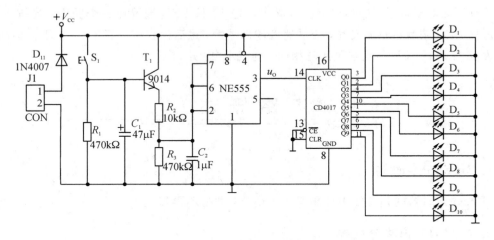

图 6.2　电子幸运转盘电路原理图

6.2 // 电路虚拟仿真

电子幸运转盘电路虚拟仿真图如图 6.3 所示，虚拟仿真实训元件清单如表 6.1 所示

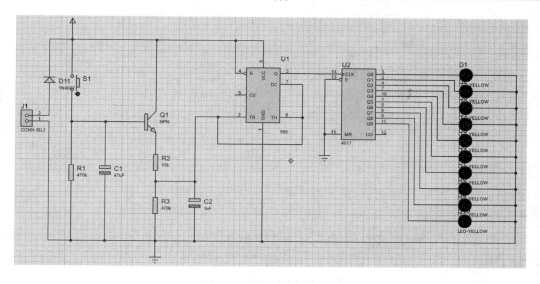

图 6.3　电子幸运转盘电路虚拟仿真图

表 6.1　电子幸运转盘电路虚拟仿真实训元件清单

元件名	类	子类	数量	参数	备注
RES	Resistors	Generic	3	470 kΩ，10 kΩ	电阻
1N4007	Diodes	Rectifiers	1	—	整流二极管
CAP-ELEC	Capacitors	Generic	2	47 μF，1 μF	电解电容
NPN	Transistors	Generic	1	—	NPN 三极管
BUTTON	Switches & Relays	Switches	1	—	立式开关
NE555	Analog ICs	Timers	1	—	555 定时器
4017	CMOS 4000 series	Counters	1	—	脉冲分配器
LED-YELLOW	Optoelectronics	LEDs	10	—	发光二极管
CONN-SIL2	Connectors	SIL	1	—	插座

电子幸运转盘虚拟仿真电路完成后，点击开关 S1，即可实现 10 只 LED 顺序轮流发光，流动速度逐渐变慢，最后停在某一只 LED 上不再移动，完成一次开奖过程。

 小提示

在图 6.3 中，仿真前需选择插座 J1 不进行仿真，具体设置如图 6.4 所示，否则不能正常仿真。

图 6.4　插座 J1 设置方法图

6.3 // 电路的制作与测试

1. 电子幸运转盘电路元件清单

电子幸运转盘电路元件清单如表 6.2 所示。

表 6.2　电子幸运转盘电路元件清单

元件名称	参数/规格	数量	元件名称	参数/规格	数量
电阻	10 kΩ	1	IC	NE555 DIP8	1
	470 kΩ	2		CD4017 DIP16	1
电解电容	47 μF	1	IC 底座	8 脚 IC 座	1
	1 μF	1		16 脚 IC 座	1
整流二极管	1N4007	1	电源排针	2pin	1
发光二极管	5 mm 红色	10	杜邦线	2.54 mm 公对母	1
按键开关	轻触立式	1	PCB	—	1
三极管	9014 TO-92	1			

2. 电子幸运转盘电路制作流程

（1）查看 PCB。该 PCB 正反两面都有布线，且两面都有焊盘，因此这是一块双面板。然后大致查看各个元器件的位置和参数，做好焊接装配准备。

（2）焊接电阻 R1～R3。该 PCB 需焊接 3 个电阻，分别为 470 kΩ 电阻 2 个，10 kΩ 电阻 1 个。焊接前需用万用表对电阻进行测量，然后进行焊接，焊接时需注意电阻需紧贴 PCB，焊接完成后利用斜口钳剪去电阻多余的引脚。

电子幸运转盘电路制作

（3）焊接二极管 D11，型号为 1N4007。焊接时需注意二极管引脚有正、负极之分，管体表面有白圈的一端为负极，需装配在 PCB 的左侧，焊接完成后剪去多余的引脚。

（4）焊接轻触立式开关 S1。这类开关有 4 个引脚，只有一种装配方法，焊接完后利用斜口钳修剪多余的引脚。

（5）焊接三极管 T1（图 6.3 中为 Q1），型号为 9014。该管为小功率 NPN 三极管。装配时注意引脚不要装反，三极管的弧面应与 PCB 上的弧面对齐，焊接完成后剪去多余的引脚。

（6）焊接芯片 U1 和 U2 的底座。IC 焊接前需焊接保护性底座，同时观察底座引脚有无缺脚、断脚，焊接时注意 PCB 上的凹槽和底座的凹槽需对齐。

（7）焊接电容 C1 和 C2。C1 为 47 μF 的电解电容，C2 为 1 μF 的电解电容，焊接时需注意电解电容引脚长脚为正，短脚为负，同时注意两个电解电容参数，不要焊反位置，焊接完成后剪去多余的引脚。

（8）焊接 10 只发光二极管 D1～D10。发光二极管引脚有正负之分，长脚为正，短脚为负，焊接完成后剪去多余的引脚。

（9）焊接接线端子，利用排针进行焊接，注意焊接排针的短脚。

（10）插上芯片 U1 和 U2。U1 为 8 脚 IC，型号为 NE555，U2 为 16 脚 IC，型号为 CD4017，注意 IC 的凹槽也要与底座的凹槽对齐。

（11）利用排针长脚接杜邦线，作为电路的电源引脚。

（12）完成初步焊接后，需检查是否有多余引脚没有剪掉，是否有漏焊虚焊点的存在，IC 是否插上等。制作完成后的电子幸运转盘实物如图 6.5 所示。确认无误后，通电测试，调节直流供电电压为 +5 V，观察电子幸运转盘的现象，并试试自己的运气吧。

图 6.5　电子幸运转盘实物图

习　题　6

1. 如图 6.6 所示，圈出的元器件为（　　）。

图 6.6　题 1 图

A. 电阻　　　　　　　B. 电容　　　　　　　C. 二极管　　　　　　D. 芯片

2. 如图 6.7 所示，圈出的元器件为（　　）。

图 6.7　题 2 图

A. 电阻　　　　　　　B. 三极管　　　　　　C. 二极管　　　　　　D. 芯片

3. 如图 6.8 所示，圈出的元器件为（　　）。

图 6.8　题 3 图

A. LED　　　　　　B. 三极管　　　　C. 电容　　　　　D. 芯片

4. 如图 6.9 所示，圈出的元器件为（　　）。

图 6.9　题 4 图

A. LED　　　　　　B. 三极管　　　　C. 电容　　　　　D. 芯片

5. 如图 6.10 所示，圈出的元器件为（　　）。

图 6.10　题 5 图

A. LED　　　　　　B. 三极管　　　　C. 电容　　　　　D. 电阻

6. 如图 6.11 所示，圈出的元器件为（　　）。

图 6.11　题 6 图

A. 电阻   B. IC   C. 二极管   D. 电容

7. 如图 6.12 所示，圈出的元器件为（   ）。

图 6.12 题 7 图

A. 排针   B. IC   C. 杜邦线   D. 电容

8. 关于电子幸运转盘电路，下列说法正确的是（   ）。

A. 电路接上电源，即可自动旋转

B. 电路中 10 只 LED 同时显示

C. 电路中 CD4017 作为脉冲分配器使用

D. 电路中 NE555 的作用为产生正弦波

9. 关于电子幸运转盘电路，下列说法不正确的是（   ）。

A. 电路中 NE555 产生矩形波脉冲，供 CD4017 使用

B. 开关 S1 断开后，三极管 T1 不会立即截止

C. 电路中使用的三极管为小功率 PNP 三极管

D. 开关 S1 闭合后，电源给电容 C1 充电，待开关 S1 断开后，C1 上的电压作为三极管的导通偏置电压

10. 图 6.2 中，NE555 的作用是产生（   ）。

A. 矩形波   B. 正弦波   C. 三角波   D. 方波

11. 图 6.2 中，D_{11} 所代表的元器件是（   ）。

A. 三极管   B. 二极管   C. LED   D. IC

12. 图 6.2 中，$D_1 \sim D_{10}$ 所代表的元器件是（   ）。

A. 三极管   B. 二极管   C. LED   D. IC

13. 图 6.2 中，T_1 所代表的元器件是（   ）。

A. 三极管   B. 二极管   C. LED   D. IC

14. 图 6.2 中，CD4017 中 15（CLR）引脚的功能是（   ）。

A. 清零   B. 置数   C. 脉冲输入端   D. 计数

第 7 章

智能循迹小车

学习目标

（1）熟悉光敏电阻、电压比较器、三极管、直流减速电机等元器件，深入了解智能循迹小车电路的工作原理，学会如何调试智能循迹小车。

（2）利用虚拟仿真软件 Proteus 进行虚拟仿真，实现电路原理图设计、调试和仿真，以及系统测试与功能验证。熟悉电路特性，观察电路预期效果，为课堂线下实训打下坚实基础。

智能小车近年来发展很快，从智能玩具到救火机器人，再到登月小车，各行各业都有其具体的应用。智能小车涉及电子技术、机械结构、传感器技术、人工智能、自动控制、计算机编程等多个领域。本章利用光敏电阻、电压比较器、三极管、直流减速电机等电子元器件设计的智能小车能沿着黑色轨道自动循迹行驶，行驶过程中小车会左右摇摆，非常有趣。

7.1 电路概述

1. 光敏电阻

光敏电阻是利用半导体的光电效应制成的一种电阻值随入射光强弱的改变而改变的电阻器，其外观和图形符号如图 7.1 所示。光敏电阻能够检测外界光线的强弱，外界光线越强，电阻越小，外界光线越弱，电阻越大。因此，光敏电阻一般用于光的测量、光的控制和光电转换。本章中，由于发光二极管（LED）发出的光投射到白色区域和黑色区域时的反光率是不同的，光敏电阻的阻值会发生明显变化，从而导致电路中各点的电位发生变化，以便后续对电路的进一步控制。

(a) 光敏电阻外观　　　　　　(b) 光敏电阻图形符号

图 7.1　光敏电阻

2. LM393 电压比较器

LM393 是双电压比较器集成电路，其芯片引脚图、引脚功能和芯片内部组成图如图 7.2 所示。LM393 由两个独立的精密电压比较器构成，每个比较器有两个输入端和一个输出端，两个输入端中一个称为同相输入端，用"＋"表示，另一个称为反相输入端，用"－"表示。

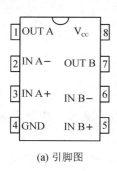

引脚号	引脚	功　能
1	OUT A	输出A
2	IN A−	反相输入A
3	IN A+	同相输入A
4	GND	接地端
5	IN B+	同相输入B
6	IN B−	反相输入B
7	OUT B	输出B
8	V_{cc}	电源电压

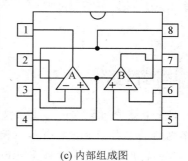

(a) 引脚图　　　　　　　(b) 引脚功能　　　　　　　(c) 内部组成图

图 7.2　LM393 芯片

电压比较器的作用是比较两个输入端电压，当"＋"端电压高于"－"端电压时，输出管截止，相当于输出端开路，所以必须加上拉电阻才能输出高电平。当"－"端电压高于"＋"端电压时，输出管饱和，相当于输出端为低电平。当 LM393 输出高电平或低电平时，控制后续三极管的导通状态，从而控制电机的运转和停止。

3. 直流减速电机

直流电机(Direct Current Machine)是指将直流电转换成机械能的旋转电机，其实物图和图形符号如图 7.3 所示。直流减速电机是在直流电机的基础上加上了配套的齿轮减速箱，可提供不同的转速和力矩。本章中的小车必须采用直流减速电机，因为转速过高会导致小车跑得太快，难以控制。同时，未经减速的直流电机转矩太小，甚至难以使小车跑起来。

(a) 直流电机实物图　　　　　　　(b) 直流电机的图形符号

图 7.3　直流电机

4. 智能循迹小车电路的工作原理

智能循迹小车电路原理图如图 7.4 所示。该电路由三部分组成：第一部分为分压电路，

由 R_1、R_7、R_{13} 和 R_2、R_8、R_{14} 两路组成；第二部分为电压比较电路，由 LM393 电压比较器电路组成；第三部分为控制电路，由三极管 T_1、T_2 和直流减速电机 M_1、M_2 组成。下面分析电路的工作原理。

智能循迹小车工作原理

当开关 S_1 闭合时，电路接通，小车正常沿着黑色轨道行驶，此时左光敏电阻 R_{13} 和右光敏电阻 R_{14} 均位于黑色轨道两侧的白色区域内。假设小车突然向左倾斜，这时 R_{13} 仍位于白色区域内，外部光强几乎不变，则 R_{13} 的阻值保持不变。R_{14} 从白色区域转到黑色轨道上，外部光强变弱，则

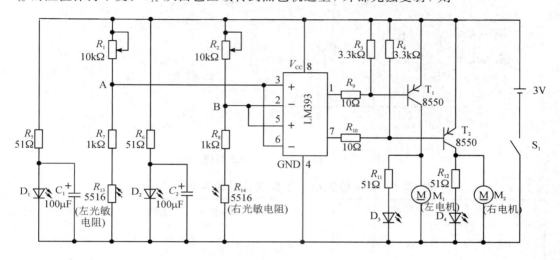

图 7.4 智能循迹小车电路原理图

R_{14} 的阻值增大。根据电阻串联分压原理，由于 R_{13} 的阻值不变，因此 A 点电位 V_A 保持不变，而由于 R_{14} 的阻值增大，因此 B 点电位 V_B 增大。这两个电位信号传送至下一级的 LM393 双电压比较器电路，由于第一个电压比较器同相输入端电位小于反相输入端电位，因此输出低电平 "0"，由于第二个电压比较器同相输入端电位大于反相输入端电位，因此输出高电平 "1"。这两个信号又传送至下一级的两个 PNP 三极管控制电路，此时 T_1 和 T_2 均处于饱和状态，由于 T_1 的基极输入低电平 "0"，因此三极管 T_1 导通，左电机 M_1 工作。由于 T_2 的基极输入高电平 "1"，因此三极管 T_2 截止，右电机 M_2 停止。在左电机 M_1 转动而右电机 M_2 停止的情况下，小车会右转，回到轨道上。同理，当小车向右倾斜时，电路会控制右电机 M_2 转动而左电机 M_1 停止，这时小车又会左转，回到轨道上。因此，小车能在偏离轨道的情况下自我修正，沿着黑色轨道左右摇摆循迹行驶。

7.2 // 电路虚拟仿真

智能循迹小车电路虚拟仿真图如图 7.5 所示，虚拟仿真实训元件清单如表 7.1 所示。

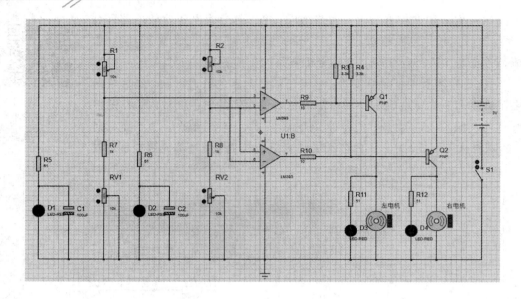

图 7.5 智能循迹小车电路虚拟仿真图

表 7.1 智能循迹小车电路虚拟仿真实训元件清单

元件名	类	子类	数量	参数	备注
RES	Resistors	Generic	10	3.3 kΩ, 1 kΩ, 10 kΩ, 51 kΩ	电阻
POT-HG	Resistors	Variable	4	10 kΩ	电位器
CAP-ELEC	Capacitors	Generic	2	100 μF	电解电容
Switch	Switches & Relays	Switches	1	—	开关
LM393	Analog ICs	Comparators	1	—	电压比较器
PNP	Transistors	Generic	2	8550	三极管
LED-RED	Optoelectronics	LEDs	4	—	发光二极管
Motor	Electromechanical	—	2	—	直流电机

　　智能循迹小车虚拟仿真电路图中，利用 RV1 和 RV2 两个 10 kΩ 电位器代替光敏电阻。开始调试时，闭合开关 S1，调整电位器 R1，使左电机停止、右电机旋转，此时小车向左偏离黑色轨道；根据上面所述工作原理，将电位器 RV2 增大，即可实现左电机旋转、右电机停止，此时小车右倾，自动回到黑色轨道。

 小 提 示

　　在图 7.5 中，两个 LM393 电压比较器的正极和负极只需接一个到电源的正极和负极，不能同时接上，否则将导致仿真报错。

7.3 // 电路的制作与测试

1. 智能循迹小车电路元件清单

智能循迹小车电路元件清单如表 7.2 所示。

表 7.2　智能循迹小车电路元件清单

元件名称	参数/规格	数量	元件名称	参数/规格	数量
电阻	1 kΩ	2	自锁开关	—	1
	3.3 kΩ	2	直流减速电机	—	2
	51 Ω	4	小车车轮	—	2
	10 Ω	2	防滑胶条	—	2
电位器	103	2	红、黑线材	—	2
光敏电阻	5516	2	螺丝	万向前轮	1
电解电容	100 μF	2	六角螺母	万向前轮	1
发光二极管	红色	4	盖形螺母	万向前轮	1
IC	LM393	1	电池	—	2
IC 底座	8 脚 IC 底座	1	电池盒	—	1
三极管	8550	2	PCB	—	1

2. 智能循迹小车电路制作流程

（1）查看 PCB。该 PCB 正面没有焊盘，只有反面有焊盘，因此这是一块单面板。所有元器件引脚都应在反面焊接，然后大致查看各个元器件的位置和参数，做好焊接装配准备。

智能循迹小
车电路制作

（2）焊接电阻 R3～R12。该 PCB 需焊接 10 个电阻，分别为 3.3 kΩ 电阻 2 个，51 Ω 电阻 4 个，1 kΩ 电阻 2 个，10 Ω 电阻 2 个。焊接前，需用万用表对电阻进行测量或利用色环法对电阻进行校正；焊接时，电阻需紧贴 PCB；焊接完成后，利用斜口钳剪去电阻多余的引脚。

（3）焊接三极管 T1 和 T2（图 7.5 中为 Q1 和 Q2），型号为 8550。该三极管为小功率 PNP 三极管。装配时注意引脚不要装反，三极管的弧面应与 PCB 上的弧面对齐；焊接完成后，剪去多余的引脚。

（4）焊接指示灯 D1 和 D2。发光二极管引脚有正、负之分，长脚为正，短脚为负。焊接完成后，剪去多余的引脚。

（5）焊接 8 脚 IC 底座。焊接前，需焊接保护性底座，同时观察底座引脚有无缺脚、断脚；焊接时，PCB 上的凹槽和底座的凹槽需对齐，底座需紧贴 PCB。

（6）焊接电容 C1 和 C2。C1 和 C2 均为 100 μF 的电解电容。电容引脚有正、负之分，长脚为正，短脚为负。焊接完成后，剪去多余的引脚。

（7）焊接电位器 R1 和 R2。该 PCB 需焊接 2 个电位器，大小均为 10 kΩ。焊接时，电位器方向应和 PCB 的丝印方向保持一致。

（8）焊接自锁开关 S1。该 PCB 需焊接 1 个自锁开关。焊接时，自锁开关方向应和 PCB 的丝印方向保持一致。

（9）安装小车万向前轮。先从 PCB 正面插入螺丝，拧紧六角螺母，最后拧紧盖形螺母。

（10）焊接传感器件 D3、D4 和 RV1、RV2。D3 和 D4 为发光二极管，RV1 和 RV2 为光敏电阻。需要特别注意的是传感器件均需焊接在 PCB 的反面，因此这 4 个器件不能紧贴 PCB，要留一定的高度以便焊接。发光二极管和光敏电阻的焊接高度比盖形螺母的高度稍低一些。焊接完成后，剪去多余的引脚。

（11）安装电池盒。电池盒需安装在 PCB 正面，利用 3M 双面胶粘好，并将电池盒红、黑引线从小孔穿过，焊接在 PCB 的电源位置上。如想更加美观，可以将电池盒的红、黑引线进行修整、剪短，再焊接。

（12）插上 IC。IC 为 LM393。注意 IC 的凹槽要与底座的凹槽对齐。

（13）电路控制部分装配完成后，可先进行简单测试。装上电池，按下自锁开关，接通电源，PCB 反面的感应发光二极管 D3 和 D4 应该点亮。当用手指遮住一侧的感应发光二极管时，本侧上方的指示二极管熄灭，而另一侧上方的指示二极管被点亮。轮流遮挡测试 2 个感应发光二极管，判断其是否符合上述规律。如不符合上述规律，则需要反复调节电位器 R1 和 R2，直到两侧均符合以上规律为止，说明控制电路装配成功。

（14）装配机械部分。将红、黑线材焊接到直流电机的一端，然后将直流电机摆在两侧对应的位置上，注意电机的连接线应位于 PCB 内侧。红、黑线材的另一端焊接到 PCB 马达的位置上，注意对应上面的引线应焊接到 PCB 上标有"上"字的焊点。焊接完成后利用 3M 双面胶将马达固定在 PCB 上，注意两个直流电机需平齐，轴中间需留一定的距离。如想更加美观，可以将红、黑引线进行修整、剪短，再焊接。

（15）装上小车车轮，套上小车防滑胶条。

（16）完成初步焊接后，检查是否有多余引脚没有剪掉，是否有漏焊虚焊点的存在，IC 是否插上等。制作完成后的智能循迹小车实物图如图 7.6 所示。确认无误后，按下开关，接通电源，小车可沿如图 7.7(a)所示的椭圆黑色轨道行驶，期间小车会左右摇摆，不断修正，从而实现智能循迹的目的。

(a) 小车正面图　　　　　　　　　(b) 小车反面图

图 7.6　智能循迹小车实物图

 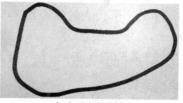

(a) 椭圆黑色轨道　　　　　　(b) 任意黑色轨道

图 7.7　小车行驶轨道

 小 提 示

> 对于黑色轨道的要求,轨道的宽度最好为 1.5～2 cm,背景的颜色最好用浅色,白色背景效果最佳。轨道的形状可以是任意的,如图 7.7(b) 中的任意黑色轨道也是可以实现自动循迹的。

习 题 7

1. 在智能循迹小车电路中,关于光敏电阻,以下说法中正确的是( )。

A. 光敏电阻和普通电阻一样,没什么区别

B. 光敏电阻的阻值不随光照的强弱而改变

C. 光敏电阻的阻值随光照的强弱会发生变化

D. 光敏电阻引脚有正、负极

2. 如图 7.8 所示,该元器件表示的是( )。

A. 二极管　　　　B. 光敏电阻　　　　C. 电容　　　　D. LED

3. 如图 7.9 所示,该元器件表示的是( )。

图 7.8　题 2 图　　　　　　图 7.9　题 3 图

A. 电位器　　　　　　B. 电阻排　　　　　　C. 二极管　　　　　　D. 电容

4. 图 7.4 中，M_1 和 M_2 所代表的元器件是（　　　）。

A. 光敏电阻　　　　　B. 三极管　　　　　　C. LED　　　　　　　D. 直流减速电机

5. 图 7.4 中，R_{13} 和 R_{14} 所代表的元器件是（　　　）。

A. 光敏电阻　　　　　B. 三极管　　　　　　C. LED　　　　　　　D. 直流减速电机

6. 图 7.4 中，LM393 芯片的作用是（　　　）。

A. 电压比较　　　　　B. 脉冲分配　　　　　C. 电流分压　　　　　D. 存储电荷

7. 在图 7.4 中，当开关 S_1 闭合后，若左光敏电阻 R_{13} 光照增强，则 A 点的电位将（　　　）。

A. 增大　　　　　　　B. 减小　　　　　　　C. 不变　　　　　　　D. 无法判断

8. 在图 7.4 中，当开关 S_1 闭合后，若 A 点的电位比 B 点的电位高，则 LM393 芯片的 1 引脚输出（　　　）。

A. 高电平　　　　　　B. 低电平　　　　　　C. 保持不变　　　　　D. 无法判断

9. 在图 7.4 中，当开关 S_1 闭合后，若 LM393 芯片的 1 引脚输出高电平，则三极管 T_1 的工作状态为（　　　）。

A. 导通　　　　　　　B. 截止　　　　　　　C. 放大　　　　　　　D. 无法判断

10. 在图 7.4 中，当开关 S_1 闭合后，若三极管 T_1 导通、T_2 截止，则下列说法正确的是（　　　）。

A. 直流电机 M_1 和 M_2 均停止　　　　　　B. 直流电机 M_1 停止，M_2 运行

C. 直流电机 M_1 运行，M_2 停止　　　　　　D. 直流电机 M_1 和 M_2 均运行

11. 在图 7.4 中，当开关 S_1 闭合后，若三极管 T_1 截止、T_2 导通，则下列说法正确的是（　　　）。

A. D_3 和 D_4 均点亮　　　　　　　　　　B. D_3 点亮，D_4 熄灭

C. D_3 熄灭，D_4 点亮　　　　　　　　　　D. D_3 和 D_4 均熄灭

12. 如图 7.10 所示，圈出的元器件为（　　　）。

图 7.10　题 12 图

A. 电阻　　　　　　　B. LED　　　　　　　C. 电容　　　　　　　D. 芯片

13. 如图 7.11 所示，圈出的元器件为（　　　）。

图 7.11 题 13 图

A. 电容　　　　B. 电位器　　　　C. 发光二极管　　D. 三极管

14. 如图 7.12 所示，圈出的元器件为(　　)。

图 7.12 题 14 图

A. 电容　　　　B. 电位器　　　　C. 发光二极管　　D. 三极管

15. 如图 7.13 所示，圈出的元器件为(　　)。

图 7.13 题 15 图

A. 自锁开关　　　B. 电位器　　　　C. 按键　　　　D. 针座

16. 如图 7.14 所示，圈出的元器件为(　　)。

A. 电容　　　　B. 电位器　　　　C. 发光二极管　　D. 三极管

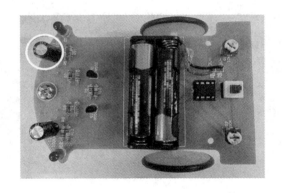

图 7.14　题 16 图

17. 如图 7.15 所示，圈出的元器件为（　　）。

图 7.15　题 17 图

A. 电容　　　　　　　B. 电位器　　　　　　　C. 电阻　　　　　　　D. 二极管

18. 如图 7.16 所示，圈出的元器件为（　　）。

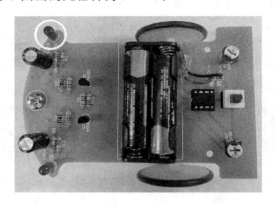

图 7.16　题 18 图

A. 电容　　　　　　　B. 电位器　　　　　　　C. 电阻　　　　　　　D. 发光二极管

19. 如图 7.17 所示，圈出的元器件为（　　）。

A. 电容　　　　　　　B. 光敏电阻　　　　　　C. 电阻　　　　　　　D. 发光二极管

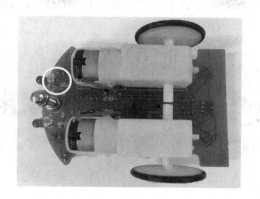

图 7.17　题 19 图

20. 如图 7.18 所示，圈出的元器件为(　　)。

A. 万向前轮　　　　B. 光敏电阻　　　　C. 直流减速电机　　　D. 发光二极管

图 7.18　题 20 图

附录 A
Proteus 软件的基本使用方法

学习目标

Proteus 是目前最先进的设计与仿真平台之一，能够完成从电路系统原理图设计、微控制器编程开发、虚拟系统仿真分析到 PCB 设计出图的全部过程，它是能实现从产品概念到完整设计的唯一工业级 EDA 工具。本附录主要介绍 Proteus 软件的基本使用方法。

A.1　Proteus 简介

Proteus 是一款集电路基础、模拟电子技术、数字电子技术、单片机技术原理图设计及 SPICE 仿真于一体的 EDA 软件，在 1989 年由英国的 Labcenter Electronics Ltd. 研制成功。经过近 40 年的发展，Proteus 现已成为 EDA 市场上最为流行、功能最强的一款仿真软件。Proteus 在全球大约 80 个国家广泛应用，主要用于高校教学实训和公司产品的实际电路设计和生产。

Proteus 提供智能原理图设计系统(ISIS)、ProSPICE 混合仿真电路、MCU 器件混合仿真系统及 PCB 设计系统功能，Proteus 不仅可以应用于传统的电路基础、模拟电子技术、数字电子技术、单片机技术等，而且可以对嵌入式系统进行仿真。Proteus 支持单片机和周边设备，包括 8051/8052、AVR、PIC、HC11、MSP430、ARM7 等常用的 MCU，以及 LCD、LED、示波器等周边设备。同时，Proteus 提供了大量的元件库，有 RAM、ROM、键盘、电机、LED、LCD、A/D、D/A、SPI 器件、IIC 器件等。在编译方面，它也支持 Keil 和 MPLAB 等多种编译器。Proteus 的主要功能图如图 A.1 所示。

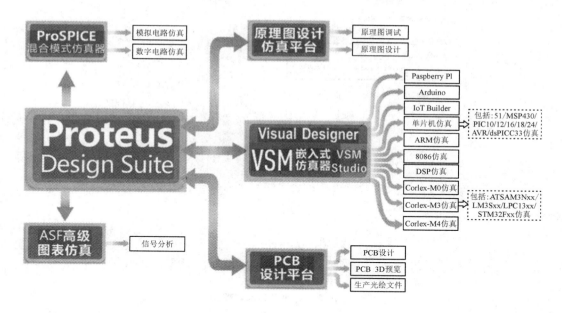

图 A.1　Proteus 主要功能图

<h1 align="center">A.2 // Proteus 基本操作方法</h1>

A.2.1　创建一个新的工程

假定此时电脑已经安装了 Proteus 8 软件。单击"开始"菜单，选择"Proteus 8 Professional"文件夹，再点击"Proteus 8 Professional"打开应用程序。在绘制原理图之前，必须新建一个 Proteus 工程。点击 Proteus 主页顶部的"新建工程"按钮，如图 A.2 所示。

图 A.2　新建工程

在"新建项目向导：开始设计"对话框中可以修改这个工程的文件名和保存路径，如图 A.3 所示。文件名为"新工程"，后缀名默认为"pdsprj"，选择好保存工程的文件路径，完成后点击"下一步"按钮。

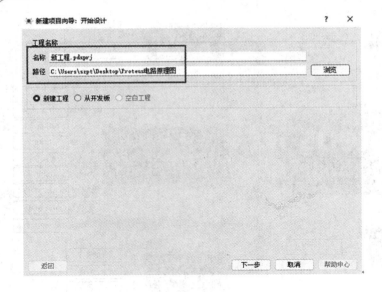

图 A.3　文件名和保存路径

在弹出的对话框中勾选"从选中的模版中创建原理图。",然后选择默认模版,或者选用系统自带模版,如图 A.4 所示,完成后点击"下一步"按钮。

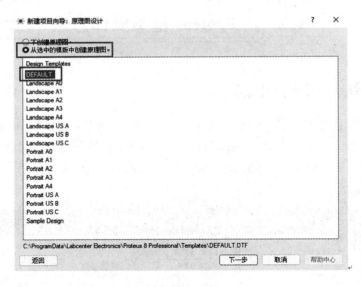

图 A.4　原理图设计模版选择

 小 知 识

Proteus 原理图模版包含图纸大小、主题颜色、企业标志、标题块和其他各种美观预设,具体设置方法请参考 ISIS 帮助文档中的模版章节内容。

如果设计原理图中没有编程类集成芯片,则应选择"没有固件项目"。若原理图中有类似的单片机编程芯片，则选择"创建固件项目"，并选择对应的系列、控制器和编译器。本设计原理图中没有编程芯片，选择如图 A.5 所示，完成后点击"下一步"按钮。

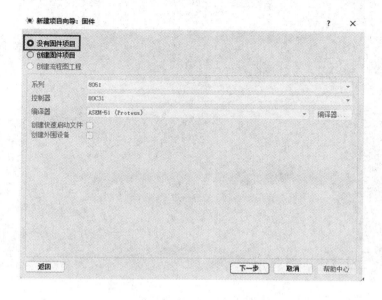

图 A.5 固件选择

最后完成新建工程汇总页，如图 A.6 所示，点击"完成"按钮，完成新建工程过程。

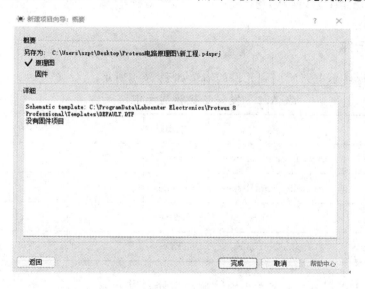

图 A.6 新建工程概要

新建工程完成后的界面如图 A.7 所示。屏幕显示最大的区域称为编辑窗口，它的作用类似于一个绘图窗口，是放置和连接元器件的区域。屏幕左上方的较小的区域称为预览窗口，预览窗口用来预览当前的设计图。蓝色边框显示的是当前图纸的边框，而绿色边框表示的是编辑窗口的大小。

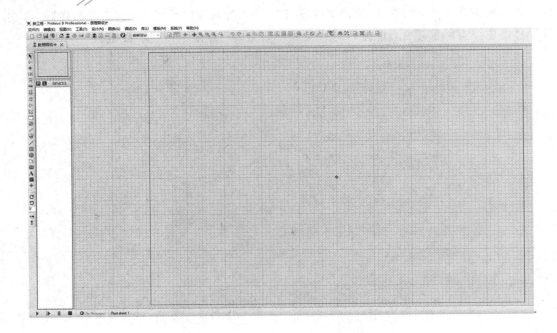

图 A.7　原理图设计界面

A.2.2　原理图绘制入门

1. 选择元件

发光二极管显示电路所用到元件的清单如表 A.1 所示。

表 A.1　发光二极管显示电路元件清单

元件名	类	子类	数量	参数	备注
BATTERY	Simulator Primitives	Sources	1	12 V	直流电源
SWITCH	Switches and Relays	Switches	1	—	开关
RES	Resistors	Generic	1	1 kΩ	电阻
LED-YELLOW	Optoelectronics	LEDS	1	—	发光二极管

从表 A.1 中可以看出，发光二极管显示电路总共包含 4 类元件，下面分别一一选出。先选择电源元件，用鼠标左键单击对象选择按钮中的"P"按钮，如图 A.8 所示，将弹出图 A.9 所示的"选取元器件"对话框。在关键字中填入直流电源元件名(BATTERY)，在分类中选择仿真源(Simulator Primitives)，在子类中选择输入源(Sources)，在结果中选择 BATTERY，双击即可选择到对象选择器窗口中。

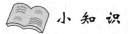 小 知 识

在 Proteus 软件中选取元器件时，关键字不区分英文大小写，但不支持中文关键字。

图 A.8　选取元器件按钮

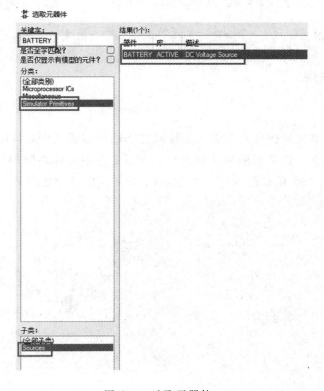

图 A.9　选取元器件

　　采用同样的方法，按照表 A.1 选择其他元件，选择完成后对象选择器窗口中元件列表如图 A.10 所示，总共包含 4 类元件。若还需要再增加新元件，可以按照上述方法进行添加，也可将不必要的元件进行删除。具体操作为：选中需删除的元件，点击鼠标右键，选择删除即可删除多余的元件，如图 A.11 所示。

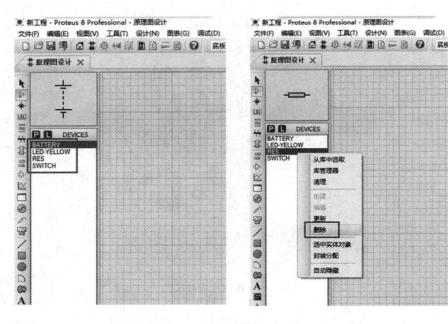

图 A.10　元件列表框　　　　　　　　图 A.11　删除元件

2. 原理图布线

1）放置元件

　　在布线之前，首先要将列表框中的元件放置到图形编辑区中，具体操作为：用鼠标单击列表框中某一元件，再把鼠标移动到图形编辑区，点击鼠标左键即可。本例中需使用 1 个电源、1 个电阻、1 个开关和 1 个发光二极管，放置后的界面如图 A.12 所示。

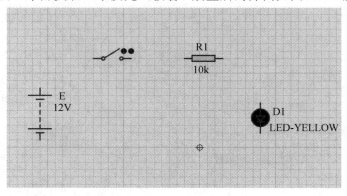

图 A.12　元件放置后的界面

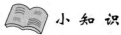 小 知 识

在放置元器件时，有时需要改变元件的方向，则可通过图 A.13 所示的四个图标加以修改。四个图标从上到下的功能分别为顺时针旋转、逆时针旋转、水平镜像和垂直镜像。

图 A.13　元件方向调整按钮

2）元件参数的修改

在图形编辑区中双击电阻 R1，将弹出图 A.14 所示的元件属性对话框，可将电阻 R1 的阻值由 10k 修改为 1k（系统默认单位为 Ω）。同理，按照表 A.1 修改其他元件参数，修改后的元件示意图如图 A.15 所示。

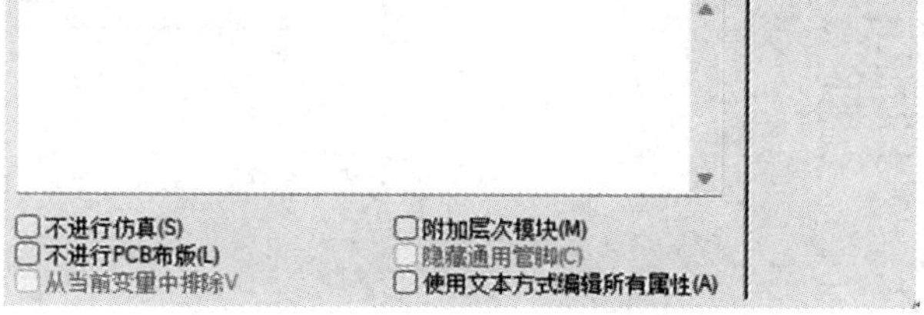

图 A.14　元件属性对话框

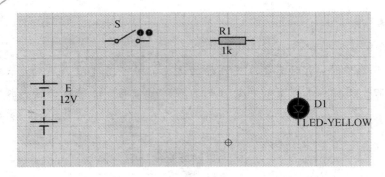

图 A.15　元件参数修改后的界面

3）电路布线

在 Proteus 中连线非常方便，只需用鼠标左键单击元件的一个引脚，再拖动到另一元件的引脚，单击鼠标左键即可。如果要删除连线，则首先用鼠标左键选中连线（连线呈红色显示），再点击鼠标右键，点击"删除连线"即可删除需修改的连线。连线完成后的界面如图 A.16 所示。

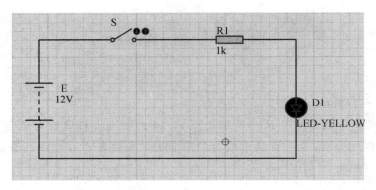

图 A.16　连线完成后的界面

3. 电气规则检查

选择主菜单中的工具→电气规则检测，将弹出图 A.17 所示的对话框，出现电气规则检测报告单，同时网络报表已经生成。如果检测有错误，则需重新回到原理图加以分析调

图 A.17　电气规则检测报告单

试修改，直至最后检测无错误为止。

4. 电路动态仿真

完成电气规则检查之后，便可进行电路的仿真功能，观察用户所设计电路是否满足功能需求。点击 Proteus 左下角的仿真按钮，如图 A.18 所示，四个按钮从左到右的功能分别是仿真、按步仿真、暂停、停止。合上开关 S，发光二极管被点亮了，如图 A.19 所示。

图 A.18　仿真按钮

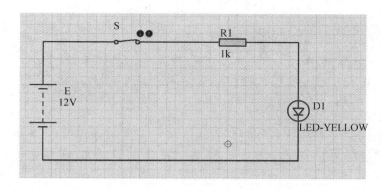

图 A.19　仿真后的效果图

5. 保存打印输出

用户所设计的原理图满足所有功能之后，则可保存打印输出。Proteus 提供了专门的输出功能，点击主菜单中的文件→标记输出区域，此时鼠标呈现"▨"形状，用户可在图形编辑窗口按原理图大小拖出一个矩形框，则选中的原理图呈灰色显示，如图 A.20 所示。再点击主菜单中的文件→输出图像，可选择输出图形的格式，包括位图文件、PDF 文件等。选择位图文件，将弹出如图 A.21 所示的对话框，可设置输出图形的范围、分辨率、颜色和旋转，并可设置输出保存的路径及文件名，点击"确定"按钮即可设置完成。最后点击输出的位图文件，如图 A.22 所示，用户可打印输出。

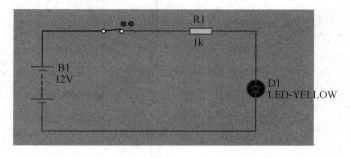

图 A.20　标记输出区域

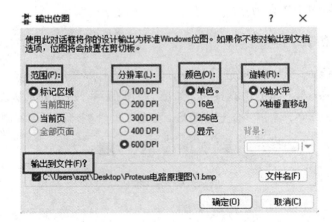

图 A.21 设置输出图形属性

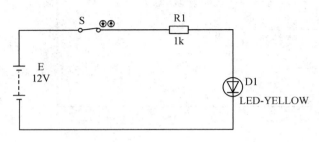

图 A.22 输出图形

A.3 Proteus 常用元件中英文对照表

Proteus 软件中元件种类繁多，数目众多且更新速度快。常用电子元件的 Proteus 中英文对照表如表 A.2 所示。

表 A.2 Proteus 元件中英文对照表

元件名称	中文名	元件名称	中文名
1N4001	整流二极管	CAPACITOR	电容器
1N4733A	稳压二极管	CELL	电源
2764	存储器(8 K×8)	CONN-SIL2	二输入连接器
2864	存储器(2 K×8)	CRYSTAL	晶体振荡器
2N5551	NPN 三极管	DAC0832	八位数模转换器
2N5771	PNP 三极管	DS1302	时钟芯片
2N5772	NPN 三极管	DS18B20	温度传感器
40110	计数器	DTFF	D 触发器

续表一

元件名称	中文名	元件名称	中文名
4060	计数定时振荡器	JKFF	JK 触发器
4543	译码器(配共阴/共阳)	DIODE	二极管
555	定时器	DIPSW-4	四输入拨码开关
7407	驱动门	DIPSW-9	九输入拨码开关
74HC14	非门(带施密特触发)	FUSE	保险丝
74HC4024	计数器	INDUCTOR	电感
74LS00	二输入与非门	JFET N	N 沟道场效应管
74LS02	二输入或非门	JFET P	P 沟道场效应管
74LS04	非门	KEYPAD-SMALLCALC	计算器
74LS08	二输入与门	LAMP	灯
74LS20	四输入与非门	LED-BARGRAPH-GRN	条状发光二极管
74LS27	三输入或非门	LED-BLUE	蓝色发光二极管
74LS32	二输入或门	LED-RED	红色发光二极管
74LS42	二-十进制译码器	LED-YELLOW	黄色发光二极管
74LS47	译码器(配共阳)	LAMP-NEON	起辉器
74LS48	译码器(配共阴)	LM016L	液晶显示器
74LS74	双 D 触发器	LM741	集成运算放大器
74LS86	二输入异或门	LOGIC PROBE	逻辑探针
74LS90	十进制计数器	LOGICSTATE	逻辑状态
74LS138	3-8 线译码器	LOGICTOGGLE	逻辑触发状态
74LS147	二-十进制编码器	MOTOR	电机
74LS148	8-3 线编码器	MATRIX-8X8-RED	8×8 点阵
74LS160	十进制计数器	NAND	与非门
74LS161	二进制计数器	NOR	或非门
74LS192	十进制计数器	NOT	非门
74LS194	移位寄存器	NPN	NPN 三极管
74LS245	双向驱动门	OR	或门
74LS248	译码器(配共阴)	OP07	运算放大器
74LS373	8D 触发器	OPTOCOUPLER-NAND	与非门输出光耦
74LS390	双十进制计数器	PNP	PNP 三极管
7805	三端集成稳压器	POT	电位器

元件名称	中文名	元件名称	中文名
7905	三端集成稳压器	POT-HG	比例电位器
7SEG-COM-ANODE	七段数码管（共阳）	RELAY	继电器
7SEG-COM-CATHODE	七段数码管（共阴）	RES	电阻
7SEG-MPX6-CA	六位七段共阳极数码管	RESISTOR	电阻器
7SEG-MPX4-CA	四位七段共阳极数码管	RESPACK-7	七位电阻排
7SEG-MPX4-CC	四位七段共阴极数码管	RESPACK-8	八位电阻排
ADC0809	八位模数转换器	R×8	双向电阻排
ALTERNATOR	交流电源	SCR	晶闸管
AMMETER	安培计	SPEAKER	扬声器
AM16V8	可编程逻辑器件	SW-DPDT	双刀双掷开关
AND	与门	SW-ROT-3	三向开关
ANTENNA	天线	SW-SPDT	单刀双掷开关
AT89C51	51单片机	SWITCH	开关
BATTERY	电源	TRANSFORMER	变压器
BRIDGE	桥堆	TRAN-2P2S	变压器
BUTTON	按钮开关	TLC2543	12位模数转换器
BUZZER	蜂鸣器	TLC5615	10位数模转换器
CAP	电容	TORCH_LDR	光敏电阻器
CAP-ELEC	电解电容		

附录 B

习题参考答案

习题 1

1—30 ACADC DABAA BCDBD ABCBA BBADB CDCAB

31—45 BDADD BCADB CDACC

习题 2

1—10 CABAB DBAAB

习题 3

1—16 DBDAC DCACB DCBAB C

习题 4

1—20 ABDAA BCBDB BDABA DBDCC

习题 5

1—10 CACDB CCBBB

习题 6

1—14 CBACD BACCA BCAA

习题 7

1—20 CBADA ABABC CDBDA ACDBC

《电子技术基本技能实训》题库

1. 三个电阻分别为 2 Ω、3 Ω、6 Ω，它们串联时，其等效电阻为（　　）Ω。
　　A. 11　　　　　　　B. 2　　　　　　　C. 1　　　　　　　D. 6

2. 三个电阻分别为 1 Ω、4 Ω、12 Ω，它们串联时，其等效电阻为（　　）Ω。
　　A. 4　　　　　　　B. 5　　　　　　　C. 17　　　　　　　D. 16

3. 三个电阻分别为 3 Ω、3 Ω、3 Ω，它们并联时，其等效电阻为（　　）Ω。
　　A. 9　　　　　　　B. 2　　　　　　　C. 1　　　　　　　D. 6

4. 三个电阻分别为 3 Ω、6 Ω、2 Ω，它们并联时，其等效电阻为（　　）Ω。
　　A. 11　　　　　　　B. 2　　　　　　　C. 1　　　　　　　D. 6

5. 两个电阻分别为 4 Ω 和 6 Ω，并联之后再与 3 Ω 电阻串联，其等效电阻为（　　）Ω。
　　A. 5.4　　　　　　　B. 13　　　　　　　C. 4　　　　　　　D. 6

6. 两个电阻分别为 2 Ω 和 2 Ω，串联之后再与 12 Ω 电阻并联，其等效电阻为（　　）Ω。
　　A. 4　　　　　　　B. 14　　　　　　　C. 16　　　　　　　D. 3

7. 下列关于电阻的说法正确的是（　　）。
　　A. 导体通电时有电阻，不通电时没有电阻
　　B. 通过导体的电流越大，导体电阻越大
　　C. 导体两端电压越大，其电阻越大
　　D. 导体电阻是导体本身性质，与电压电流无关

8. 电阻的国际制单位是（　　）。
　　A. V　　　　　　　B. A　　　　　　　C. Ω　　　　　　　D. W

9. 三个相同电阻 R 并联时，其等效电阻为（　　）。
　　A. 3R　　　　　　　B. 2R　　　　　　　C. R/3　　　　　　　D. R

10. 下列关于电阻单位换算错误的是（　　）。
　　A. 1 kΩ＝10^3 Ω　　　　　　　　　　B. 1 MΩ＝10^9 Ω
　　C. 2 kΩ＝2000 Ω　　　　　　　　　　D. 2.2 MΩ＝2200 kΩ

11. 电阻用数字标示法为 102，则该电阻的阻值为（　　）Ω。
　　A. 102　　　　　　　B. 100　　　　　　　C. 1020　　　　　　　D. 1000

12. 电阻用数字标示法为 511，则该电阻的阻值为（　　）Ω。
　　A. 510　　　　　　　B. 511　　　　　　　C. 51.1　　　　　　　D. 5.11

13. 电阻用数字标示法为 103，则该电阻的阻值为（　　）Ω。
　　A. 103　　　　　　　B. 1000　　　　　　　C. 100　　　　　　　D. 10 000

14. 色环电阻的色环依次为棕、黑、橙、金，则该电阻的阻值为(　　)Ω。
　　A. 1000　　　　　B. 100　　　　　C. 10^4　　　　　D. 10^5

15. 色环电阻的色环依次为红、黑、红、金，则该电阻的阻值为(　　)Ω。
　　A. 2000　　　　　B. 202　　　　　C. 200　　　　　D. 20

16. 色环电阻的色环依次为橙、橙、红、金，则该电阻的阻值为(　　)Ω。
　　A. 3300　　　　　B. 330　　　　　C. 3.3　　　　　D. 33

17. 色环电阻的色环依次为棕、黑、金、金，则该电阻的阻值为(　　)Ω。
　　A. 10　　　　　B. 1　　　　　C. 100　　　　　D. 1000

18. 四环电阻的阻值为 1000 Ω，则该电阻前三环的颜色为(　　)。
　　A. 棕、黑、橙　　B. 橙、黑、红　　C. 棕、黑、红　　D. 棕、黑、金

19. 四环电阻的阻值为 470 Ω，则该电阻前三环的颜色为(　　)。
　　A. 绿、棕、紫　　B. 绿、紫、棕　　C. 黄、棕、紫　　D. 黄、紫、棕

20. 四环电阻根据色环读出三位有效数字为 224，则该色环电阻前三环的颜色为(　　)。
　　A. 红、红、橙　　B. 红、红、黄　　C. 黄、红、红　　D. 橙、红、红

21. 四环电阻根据色环读出三位有效数字为 331，则该色环电阻前三环的颜色为(　　)。
　　A. 橙、橙、棕　　B. 橙、橙、红　　C. 红、橙、橙　　D. 棕、橙、橙

22. 五环电阻的色环依次为黄、紫、黑、金、棕，该电阻的阻值为(　　)Ω。
　　A. 4700　　　　　B. 470　　　　　C. 47　　　　　D. 4.7

23. 五环电阻的色环依次为棕、黑、黑、黄、棕，该电阻的阻值为(　　)MΩ。
　　A. 1000　　　　　B. 100　　　　　C. 10　　　　　D. 1

24. 四环电阻中，金色表示的误差是(　　)。
　　A. ±5%　　　　　B. ±1%　　　　　C. ±2%　　　　　D. ±10%

25. 四环电阻中，银色表示的误差是(　　)。
　　A. ±5%　　　　　B. ±1%　　　　　C. ±2%　　　　　D. ±10%

26. 五环精密电阻中，棕色表示的误差是(　　)。
　　A. ±5%　　　　　B. ±1%　　　　　C. ±2%　　　　　D. ±10%

27. 五环精密电阻中，红色表示的误差是(　　)。
　　A. ±5%　　　　　B. ±1%　　　　　C. ±2%　　　　　D. ±10%

28. 五环精密电阻中，绿色表示的误差是(　　)。
　　A. ±0.5%　　　　B. ±1%　　　　　C. ±2%　　　　　D. ±0.2%

29. 五环精密电阻中，蓝色表示的误差是(　　)。
　　A. ±0.5%　　　　B. ±1%　　　　　C. ±2%　　　　　D. ±0.2%

30. 下列关于电阻的作用，说法正确的是(　　)。
　　A. 电阻在电路中主要起分压限流的作用
　　B. 电阻在电路中主要起隔直通交的作用
　　C. 电阻在电路中主要起滤波的作用
　　D. 电阻在电路中主要起限幅的作用

31. 如图 C.1 所示，该电阻排的电阻值为(　　)Ω。
　　A. 100　　　　　B. 1000　　　　　C. 102　　　　　D. 10

图 C.1　题 31 图

32. 电容的国际制单位是(　　)。

　　A. V　　　　　　　　B. Ω　　　　　　　　C. A　　　　　　　　D. F

33. 下列电容单位换算关系正确的是(　　)。

　　A. $1F=10^6 mF$　　　　　　　　　B. $1mF=10^6 \mu F$

　　C. $1F=10^{12} pF$　　　　　　　　D. $1 \mu F=10^9 pF$

34. 下列电容单位换算关系不正确的是(　　)。

　　A. $1F=10^3 mF$　　　　　　　　　B. $1pF=10^{-6} \mu F$

　　C. $1F=10^{12} pF$　　　　　　　　D. $1 \mu F=10^3 pF$

35. 下列关于电容的说法正确的是(　　)。

　　A. 电容的国际制单位是 pF　　　　　B. 电容的作用主要是隔直通交

　　C. 电容引脚没有正负极之分　　　　　D. 电容和电阻一样，也满足欧姆定律

36. 下列符号中表示电解电容的是(　　)。

　　A. —||—　　　　　B. —|{—　　　　　C. —|/—　　　　　D. —/|—

37. 如图 C.2 所示，该电容的大小为(　　)pF。

图 C.2　题 37 图

　　A. 104　　　　　　B. 10^5　　　　　　C. 10^4　　　　　　D. 10^6

38. 如图 C.3 所示，该电容的大小为(　　)μF。

图 C.3　题 38 图

A. 223 　　　　B. 0.022 　　　　C. 0.22 　　　　D. 2.2

39. 如图 C.4 所示，该电容的大小为（　　）μF。

图 C.4　题 39 图

A. 0.047 　　　　B. 4.7 　　　　C. 0.47 　　　　D. 473

40. 如图 C.5 所示，该独石电容的大小为（　　）pF。

图 C.5　题 40 图

A. 334 　　　　B. 33×10^3 　　　　C. 3300 　　　　D. 33×10^4

41. 如图 C.6 所示，该瓷片电容的大小为（　　）pF。

图 C.6　题 41 图

A. 20 　　　　B. 2 　　　　C. 200 　　　　D. 2000

42. 如图 C.7 所示，该电解电容的大小为（   ）μF。

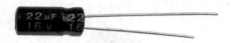

图 C.7　题 42 图

　　A. 40　　　　　　　B. 2.2　　　　　　　C. 400　　　　　　D. 22

43. 如图 C.8 所示，该电解电容的大小为（   ）μF。

图 C.8　题 43 图

　　A. 470　　　　　　 B. 50　　　　　　　 C. 4700　　　　　　D. 500

44. 如图 C.9 所示，该电解电容的大小为（   ）μF。

图 C.9　题 44 图

　　A. 25　　　　　　　B. 1000　　　　　　C. 2.5　　　　　　 D. 100

45. 如图 C.10 所示，该电解电容的大小为（   ）μF。

图 C.10　题 45 图

　　A. 25　　　　　　　B. 2500　　　　　　C. 3300　　　　　　D. 330

46. 独石电容上标注有"332"，则该电容的大小为（   ）pF。
　　A. 3300　　　　　　B. 330　　　　　　 C. 33　　　　　　　D. 33 000

47. 瓷片电容上标注有"103"，则该电容的大小为（   ）pF。
　　A. 10^3　　　　　　B. 10^4　　　　　　C. 10^2　　　　　　D. 10^6

48. 电容旁标注有"4p7"，则该电容的大小为（   ）pF。
　　A. 47　　　　　　　B. 4.7　　　　　　　C. 0.47　　　　　　D. 470

49. 电容上标注有"479"，则该电容的大小为（   ）pF。
　　A. 47　　　　　　　B. $47×10^9$　　　　 C. 0.47　　　　　　D. 4.7

50. 已知 $C_1=1$ μF，$C_2=2$ μF，$C_3=6$ μF，C_1 和 C_2 并联之后，再与 C_3 串联，总电容为

（　　）μF。

  A. 2   B. 9   C. 1   D. 4

51. 下列关于电容的作用，说法正确的是（　　）。

  A. 通直流隔交流   B. 通交流隔直流

  C. 隔直流隔交流   D. 通直流通交流

52. 如图 C.11 所示，元器件表面标有"1N4007"，该元器件为（　　）。

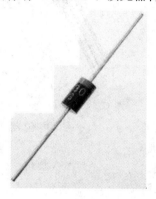

图 C.11　题 52 图

  A. 发光二极管 B. 整流二极管   C. 稳压二极管   D. 开关二极管

53. 如图 C.12 所示，该元器件的名称是（　　）。

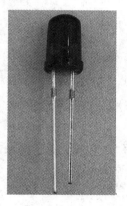

图 C.12　题 53 图

  A. 发光二极管 B. 电容   C. 电阻   D. 电感

54. 如图 C.13 所示，该电路符号表示的是（　　）。

图 C.13　题 54 图

  A. 三极管   B. LED   C. 电容   D. 电感

55. 若红色发光二极管正常发光，其两端的电压大约为（　　）V。

  A. 2   B. 5   C. 0.7   D. 8

56. 利用万用表电阻挡测量二极管，发现其正反电阻均趋于无穷大，这说明该二极管（　　）。

    A. 短路　　　　　　B. 完好　　　　　　C. 开路　　　　　　D. 无法判断

57. 下列关于二极管的作用，说法正确的是（　　）。

    A. 隔直通交　　　　B. 分压限流　　　　C. 导热发光　　　　D. 单向导电

58. 如图 C.14 所示，该元器件表示的是（　　）。

图 C.14　题 58 图

    A. 二极管　　　　　B. 稳压器　　　　　C. 电位器　　　　　D. 三极管

59. 下列不是三极管三个引脚的是（　　）。

    A. 发射极　　　　　B. 正极　　　　　　C. 基极　　　　　　D. 集电极

60. 如图 C.15 所示，B 表示三极管的（　　）。

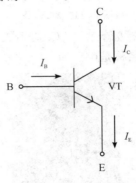

图 C.15　题 60 图

    A. 基极　　　　　　B. 集电极　　　　　C. 栅极　　　　　　D. 发射极

61. 下列关于三极管的电流关系正确的是（　　）。

    A. $I_B = I_C + I_E$　　　　　　　　　　　B. $I_E = I_C + I_B$

    C. $I_B \geqslant I_C + I_E$　　　　　　　　　　D. $I_C = I_B + I_E$

62. 放大电路中三极管三个电极的电流如图 C.16 所示，测得 $I_A = 2$ mA，$I_B = 0.04$ mA，则 I_C 为（　　）mA。

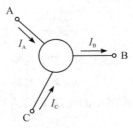

图 C.16　题 62 图

　　A. 2.04　　　　　　B. 1.96　　　　　　C. −1.96　　　　　　D. −2.04

63. 下列关于三极管的描述，说法不正确的是（　　）。

　　A. 三极管的主要作用是电流放大　　　　B. 三极管在电路中起放大和开关作用

　　C. 三极管分为 NPN 型和 PNP 型　　　　D. 三极管发射极和集电极可以调换使用

64. 三极管最基本最重要的作用是（　　）。

　　A. 电流放大　　　　　　　　　　　　　B. 电压放大

　　C. 功率放大　　　　　　　　　　　　　D. 电压放大和电流放大

65. 如图 C.17 所示，该元器件表示的是（　　）。

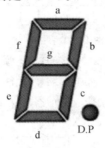

图 C.17　题 65 图

　　A. 二极管　　　　　B. 三极管　　　　　C. 数码管　　　　　D. 电容

66. 如图 C.18 所示，该元器件表示的是（　　）。

图 C.18　题 66 图

　　A. 二极管　　　　　B. 三极管　　　　　C. 集成芯片　　　　D. 数码管

67. 如图 C.19 所示，共阳极数码管的 com 端应该接（　　）。

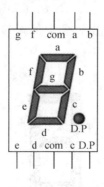

图 C.19　题 67 图

　　A. 电源正极　　　　　　　　　　　　　B. 电源负极

　　C. 电源正极和负极均可　　　　　　　　D. 无法判断

68. 如图 C.20 所示，共阴极数码管的 com 端应该接(   )。

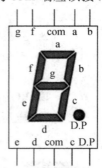

图 C.20   题 68 图

    A. 电源正极   B. 电源负极

    C. 电源正极和负极均可   D. 无法判断

69. 图 C.21 所示为元器件的内部结构图，该元器件为(   )。

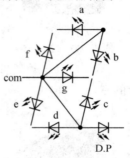

图 C.21   题 69 图

    A. 发光二极管   B. 整流二极管

    C. 共阴极数码管   D. 共阳极数码管

70. 对于共阳极七段数码管，若要显示数字"1"，则数码管的 $abcdefg$ 应该为(   )。

    A. 1001111   B. 0110000   C. 1111001   D. 0000110

71. 对于共阴极七段数码管，若要显示数字"7"，则数码管的 $abcdefg$ 应该为(   )。

    A. 1110010   B. 0001111   C. 0001101   D. 1110000

72. 图 C.22 所示为共阳极数码管，若想显示停车符号"P"，则数码管 $abcdefg$ 应该为
(   )。

    A. 1100111   B. 0000001   C. 0011000   D. 1111110

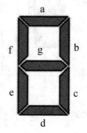

图 C.22   题 72 图

73. 下列关于数码管的描述，说法不正确的是（　　）。

    A. 数码管属于电流控制型器件，使用时应串联上合适的电阻

    B. 不要用尖硬物去碰触数码管显示面，以免造成划痕等物理损伤，影响显示效果

    C. 数码管即使其中一个笔段的发光二极管损坏，也可以继续使用

    D. 数码管一般要通过专门的译码驱动电路，才能正常显示字符

74. 图 C.23 所示为 CD4543 芯片，该芯片的第 1 脚是（　　）。

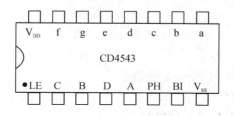

图 C.23　题 74 图

    A. V_{SS}　　　　　　　B. a　　　　　　　C. V_{DD}　　　　　　　D. LE

75. 如图 C.24 所示，该器件表示的是（　　）。

图 C.24　题 75 图

    A. IC　　　　　　　B. IC 底座　　　　　　C. 电阻排　　　　　D. 按键

76. 如图 C.25 所示，该底座对应的 IC 引脚数是（　　）。

图 C.25　题 76 图

    A. 24　　　　　　　B. 20　　　　　　　C. 28　　　　　　D. 32

77. 如图 C.26 所示，该器件的名称是（　　）。

图 C.26　题 77 图

A. 晶振　　　　　　B. 短路块　　　　　　C. IC　　　　　　D. 排针

78. 如图 C.27 所示，该集成芯片的第 1 脚所在的位置是（　　）。

图 C.27　题 78 图

A. 左上　　　　　　B. 左下　　　　　　C. 右上　　　　　　D. 右下

79. 下列关于集成芯片的描述，说法正确的是（　　）。

A. 可以带电插拔集成芯片

B. 集成芯片的引脚折断后可以继续使用

C. 集成芯片使用时无须考虑芯片方向

D. 集成芯片使用前一般先查阅配套手册

80. 如图 C.28 所示，该工具名称为（　　）。

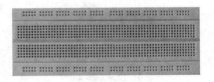

图 C.28　题 80 图

A. 面包板　　　　　　B. 万能板　　　　　　C. 印刷电路板　　　　　　D. PCB

81. 下列关于面包板的描述，说法不正确的是（　　）。

A. 面包板的窄条部分都是相通的

B. 面包板的宽条部分中同一列 5 个插孔是互相连通的，凹槽上下部分是不连通的

C. 面包板是一种电子实验用品，表面是打孔的塑料，底部有金属条，电子元器件按照一定规则插上即可使用，无需焊接

D. 在面包板上插拔元器件、芯片、连接导线时，必须关闭电源操作，禁止带电操作

82. 如图 C.29 所示，该工具的名称为（　　）。

图 C.29　题 82 图

A. PCB　　　　　　B. 面包板　　　　　　C. 焊锡丝　　　　　　D. 万能板

83. 下列关于万能板的描述，说法不正确的是（　　）。

A. 万能板都是双面板

B. 万能板是可按自己意愿插装元器件及连线的印制电路板

C. 万能板按材质可分为铜板和锡板

D. 万能板按线路选用可分为单孔板和连孔板

84. 下列关于万能板的说法中正确的是(　　　)。

　　A. 插装元件的方向是任意的

　　B. 万能板的线路是预先印制的

　　C. 应在有金属焊盘的一面进行焊接

　　D. 万能板的孔间距是不确定的

85. 万能板孔与孔之间的间距是(　　　)。

　　A. 2.54 mm　　　　B. 2.55 mm　　　　C. 2.56 mm　　　　D. 2.5 mm

86. 关于万能板的焊接技巧,下列说法中不正确的是(　　　)。

　　A. 元器件布局要合理,事先要规划好,可以在纸上先画出走线图

　　B. 连接时应注意连接规范,尽量做到水平和竖直走线,使万能板看起来整洁清晰

　　C. 用不同颜色的导线表示不同的信号,同一个信号最好用一种颜色

　　D. 要等到全部电路都制作完成后再测试调试

87. 下列关于万能板的说法中,不正确的是(　　　)。

　　A. 万能板可靠性高,可长时间保存

　　B. 万能板可搭建中小规模电路

　　C. 万能板的使用成本很高

　　D. 万能板使用方便、扩展灵活

88. 下列关于万能板的说法中,不正确的是(　　　)。

　　A. 万能板分为单孔板和连孔板　　　　B. 单孔板的焊盘各自独立

　　C. 连孔板中有多个焊盘连在一起　　　D. 连孔板均为五连孔

89. 如图 C.30 所示,该工具名称为(　　　)。

图 C.30　题 89 图

　　A. 斜口钳　　　　　B. 剥线钳　　　　　C. 大力钳　　　　　D. 台虎钳

90. 关于手工剥线钳的使用方法,下列说法中正确的是(　　　)。

　　A. 手工剥线钳不用可以随意摆放

　　B. 手工剥线钳可以当作锤子使用

　　C. 手工剥线钳不能剪切过硬的导线

　　D. 手工剥线钳可以当作斜口钳使用

91. 如图 C.31 所示,该工具名称为(　　　)。

　　A. 斜口钳　　　　　B. 剥线钳　　　　　C. 大力钳　　　　　D. 台虎钳

图 C.31　题 91 图

92. 关于斜口钳的使用方法，下列说法中不正确的是（　　）。

A. 斜口钳的刀口可用来剪切软电线的橡皮或塑料绝缘层

B. 使用斜口钳要量力而行，不可以用来剪切钢丝、钢丝绳和过粗的铜导线或铁丝

C. 禁止将斜口钳当作榔头使用

D. 带电操作时，手可以直接握住斜口钳的金属部位

93. 如图 C.32 所示，该工具名称为（　　）。

图 C.32　题 93 图

A. 斜口钳　　　　　B. 吸锡器　　　　　　C. 电烙铁　　　　　D. 焊锡丝

94. 如图 C.33 所示，该物件的名称为（　　）。

图 C.33　题 94 图

A. 海绵　　　　　　B. 松香　　　　　　　C. 焊锡　　　　　　D. 导线

95. 如图 C.34 所示，该工具名称为（　　）。

图 C.34　题 95 图

A. 剪刀　　　　　　B. 钳子　　　　　　　C. 电烙铁　　　　　D. 镊子

96. 如图 C.35 所示，该工具的名称为（　　）。

A. 电烙铁　　　　　B. 松香　　　　　　　C. 焊锡　　　　　　D. 吸锡器

图 C.35　题 96 图

97. 关于镊子的用途，下列说法中不正确的是（　　）。
　　A. 镊子可以用来钻孔　　　　　　　　B. 镊子可以用来夹持导线
　　C. 镊子可以用来夹持集成电路引脚　　D. 镊子可以用来夹持元器件

98. 下列哪种工具可以用来剥除导线表面的绝缘层？（　　）
　　A. 镊子　　　　　　B. 剪刀　　　　　　C. 斜口钳　　　　　　D. 剥线钳

99. 下列哪种工具可以用来剪掉元器件多余的引脚？（　　）
　　A. 斜口钳　　　　　B. 大力钳　　　　　C. 镊子　　　　　　　D. 剥线钳

100. 下列哪种工具可以用来拔出插在芯片底座上的芯片？（　　）
　　A. 斜口钳　　　　　B. 大力钳　　　　　C. 镊子　　　　　　　D. 剥线钳

101. PCB 的英文全称是（　　）。
　　A. Power Circuit Board　　　　　　　B. Printed Circuit Board
　　C. Power Core Board　　　　　　　　D. Printed Core Board

102. 关于 PCB，下列说法中不正确的是（　　）。
　　A. PCB 是英文（Printed Circuit Board）印制电路板的简称
　　B. PCB 的颜色可以是多样的
　　C. PCB 有单面板、双面板和多层板之分
　　D. PCB 焊接错误后，就不能再使用

103. 关于 PCB 的颜色，下列说法中正确的是（　　）。
　　A. PCB 的颜色大部分是绿色的，因为绿色的油墨使用最为广泛，价格也便宜
　　B. PCB 的颜色与性能息息相关
　　C. PCB 的颜色只能是绿色的，不能有其他颜色
　　D. PCB 的颜色主要取决于电路板的功能

104. 关于 PCB 的焊接，下列说法中不正确的是（　　）。
　　A. PCB 焊接前，工作台需保持干净整洁，操作者最好佩戴好防静电手环，避免静电
　　　击坏电子元器件
　　B. PCB 焊接时，电烙铁可以长时间停留在焊盘上
　　C. PCB 焊接错误时，需要利用吸锡器拆除焊错的元器件
　　D. PCB 焊接后，需检查器件有无错焊、漏焊、虚焊、短路等现象

105. 下列不是按 PCB 层数分类的是（　　）。
　　A. 单层电路板　　B. 双层电路板　　　C. 复合电路板　　　D. 多层电路板

106. 下列不是按 PCB 软硬程度分类的是（　　）。
　　A. 刚性电路板　　B. 柔性电路板　　　C. 软硬结合板　　　D. 折叠电路板

107. 利用电烙铁进行手工焊接时，焊接的时间一般不超过（　　）。

　　A. 1秒　　　　　　　B. 3秒　　　　　　　C. 5秒　　　　　　　D. 6秒

108. 当烙铁头上有锡氧化的焊锡或锡渣，正确的做法是（　　）。

　　A. 不用理会，继续焊接　　　　　　　　B. 在纸筒或烙铁架上敲掉

　　C. 在烙铁架上的海绵上擦掉　　　　　　D. 用毛巾清洁干净

109. 关于手工焊接，以下说法不正确的是（　　）。

　　A. 准备施焊，左手拿焊丝，右手握烙铁，烙铁头应保持干净，处于随时可施焊状态

　　B. 加热与送丝，烙铁头放在焊件上后立即送入焊锡丝

　　C. 去丝移烙铁，焊锡在焊接面上扩散达到预期的范围后，立即拿开焊锡并移开烙铁

　　D. 整个过程不得超过 1～2 秒，但有的器件管脚面积较大，焊接时需延长施焊时间。
　　　　对于导线焊接，焊后应稍用力扯拉，以检查其焊接质量

110. 下列关于焊接操作，说法不正确的是（　　）。

　　A. 在焊锡凝固之前不要使焊件移动或振动，需保持焊件静止

　　B. 正确的加热方法，要靠增加接触面积来加快传热，而不是用烙铁对焊件施加压力

　　C. 焊锡量越多越好

　　D. 经常保持烙铁头清洁，要随时除去沾在烙铁头上杂质及污物

111. 如图 C.36 所示，该工具名称为（　　）。

图 C.36　题 111 图

　　A. 电压表　　　　　　B. 万用表　　　　　　C. 电流表　　　　　　D. 欧姆表

112. 利用万用表测量一个电阻，挡位旋钮置于"2k"挡，测量时万用表显示的数值为 0.98，
　　则该电阻的阻值为（　　）。

　　A. 0.98 kΩ　　　　　B. 0.98 Ω　　　　　　C. 1.96 kΩ　　　　　D. 1.96 Ω

113. 关于万用表，下列说法不正确的是（　　）。

　　A. 可以用万用表测量电阻的阻值

　　B. 可以用万用表测量电路中的电流

　　C. 可以用万用表测量电路的通断

　　D. 可以用万用表测量电路中的放大倍数

114. 使用万用表时应选择合适量程的挡位，如果不能确定被测量的电流时，应该选择
　　（　　）去测量。

　　A. 任意量程　　　　　B. 大量程　　　　　　C. 小量程　　　　　D. 无法判断

115. 用万用表电流挡测量被测电路的电流时，万用表应与被测电路（　　）。

A. 串联   B. 并联   C. 短接   D. 断开

116. 用万用表测量电阻时，若万用表显示数字"1"，则应（   ）量程继续测量。

A. 减小   B. 加大   C. 减小或加大   D. 无法判断

117. 关于使用数字式万用表测量直流电压，以下说法不正确的是（   ）。

A. 将黑表笔插入"COM"插孔，红表笔插入"VΩ"插孔

B. 旋转开关应选择比估计值大的量程

C. 旋转开关位于"V~"表示直流电压挡

D. 表笔接被测元件的两端（并联），数值直接从显示屏上读取

118. 如图 C.37 所示，该设备的名称为（   ）。

图 C.37　题 118 图

A. 万用表   B. 信号发生器   C. 直流稳压电源   D. 示波器

119. 如图 C.38 所示，图中圈出的通道所输出的电压为（   ）V。

图 C.38　题 119 图

A. 10   B. 30   C. 5   D. 20

120. 如图 C.39 所示，图中圆圈处表示的是（   ）。

图 C.39　题 120 图

A. 电源开关键   B. 工作方式选择键

C. 电流控制键   D. 输出电压控制键

121. 如图 C.40 所示，该直流稳压电源输出电压的范围是(   )V。

图 C.40   题 121 图

    A. 0～30   B. 0～20   C. 0～10   D. 0～15

122. 关于直流稳压电源，以下说法不正确的是(   )。

    A. 直流稳压电源是一种将交流电转变为直流电的仪器设备

    B. 使用直流稳压电源时应选择合适的工作模式

    C. 使用完毕后，应关闭直流稳压电源开关，整理好输出引线

    D. 直流稳压电源的输出端有两根引线，可以直接相连

123. 直流稳压电源接上电路板后，电源电压瞬间下跌且电流瞬间上升，电路可能出现的情况是(   )。

    A. 开路   B. 短路   C. 正常工作   D. 无法判断

124. 如图 C.41 所示，该器件的名称是(   )。

图 C.41   题 124 图

    A. LED   B. 排针   C. 电阻   D. 电感

125. 如图 C.42 所示，该器件的名称是(   )。

图 C.42   题 125 图

    A. 按钮   B. 短路块   C. 蜂鸣器   D. 排针

126. 如图 C.43 所示，该器件的名称是（　　）。

图 C.43　题 126 图

  A. 电阻排   B. 短路块   C. 蜂鸣器   D. 电位器

127. 如图 C.44 所示，该器件的名称是（　　）。

图 C.44　题 127 图

  A. IC   B. 短路块   C. 电阻排   D. 排针

128. 如图 C.45 所示，该器件的名称是（　　）。

图 C.45　题 128 图

  A. 晶振   B. 短路块   C. IC   D. 排针

129. 如图 C.46 所示，该器件的名称是（　　）。

图 C.46　题 129 图

  A. 晶振   B. 短路块   C. IC   D. 排针

130. 如图 C.47 所示，该器件的名称是（   ）。

图 C.47　题 130 图

    A. 晶振　　　　　　B. 继电器　　　　　　C. IC　　　　　　D. 排针

131. 如图 C.48 所示，该器件的名称是（   ）。

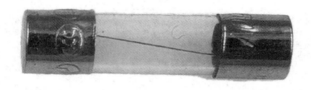

图 C.48　题 131 图

    A. 保险丝　　　　　B. 二极管　　　　　　C. 焊锡丝　　　　　D. 电位器

132. 关于发光二极管，以下说法正确的是（   ）。

    A. 发光二极管不具有单向导电性

    B. 发光二极管引脚没有正负极

    C. 使用发光二极管时，一般需串联限流电阻

    D. 发光二极管的正常工作电压为 5 V

133. 发光二极管的主要特点是（   ）。

    A. 工作电压低、工作电流小，耗电省，寿命长

    B. 工作电压高、工作电流小，耗电省，寿命长

    C. 工作电压低、工作电流大，耗电省，寿命长

    D. 工作电压高、工作电流大，耗电省，寿命长

134. 下列符号中表示发光二极管的是（   ）。

    A. ⊶⊣　　　　　B. ⊷⊣　　　　　C. ⊷⊣　　　　　D. ⊸⊣

135. 发光二极管发光时，其工作在（   ）。

    A. 反向截止区　　B. 正向导通区　　C. 反向击穿区　　D. 无法确定

136. 以下所列器件中，（   ）不是工作在反偏状态的。

    A. 光电二极管　　B. 变容二极管　　C. 稳压管　　　　D. 发光二极管

137. 如图 C.49 所示，该电路中电阻 R 的作用是（   ）。

    A. 降温　　　　　B. 限流　　　　　C. 升压　　　　　D. 储能

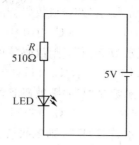

图 C.49　题 137 图

138. 如图 C.49 所示，该电路中电流大约为（　　）mA。

    A. 9.8　　　　　　　B. 5.88　　　　　　　C. 3.92　　　　　　　D. 0

139. 如图 C.49 所示，若发光二极管的工作电流为 2～10 mA，则电路中限流电阻最大值约为（　　）kΩ。

    A. 1.5　　　　　　　B. 0.3　　　　　　　C. 2.5　　　　　　　D. 0.5

140. 如图 C.49 所示，若发光二极管的工作电流为 2～10 mA，则电路中限流电阻最小值约为（　　）kΩ。

    A. 1.5　　　　　　　B. 0.3　　　　　　　C. 2.5　　　　　　　D. 0.5

141. 如图 C.50 所示，按下按键开关 A 时，该电路的电流约为（　　）mA。

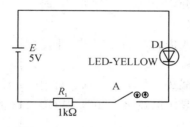

图 C.50　题 141 图

    A. 3　　　　　　　　B. 0.3　　　　　　　C. 5　　　　　　　　D. 0.5

142. 如图 C.51 所示，电阻的作用是（　　）。

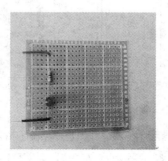

图 C.51　题 142 图

    A. 降温　　　　　　　B. 限流　　　　　　　C. 升压　　　　　　　D. 储能

143. 对于共阴七段数码管，若要显示数字"6"，则数码管的 $abcdefg$ 应该为（　　）。

    A. 0111111　　　　　B. 0100000　　　　　C. 1100000　　　　　D. 1011111

144. 对于共阴七段数码管，若要显示数字"2"，则数码管的 $abcdefg$ 应该为（　　）。

　　A. 0010010　　　　B. 1011011　　　　C. 0100100　　　　D. 1101101

145. 对于共阳七段数码管，若要显示数字"3"，则数码管的 $abcdefg$ 应该为（　　）。

　　A. 0111111　　　　B. 0000110　　　　C. 1111001　　　　D. 1011111

146. 对于共阳七段数码管，若要显示数字"8"，则数码管的 $abcdefg$ 应该为（　　）。

　　A. 0111111　　　　B. 0000000　　　　C. 1111111　　　　D. 1000000

147. 对于共阳七段数码管，若要显示符号"L"，则数码管 $abcdefg$ 应该为（　　）。

　　A. 1110001　　　　B. 0001110　　　　C. 1000111　　　　D. 0111000

148. 0110 是 8421BCD 码，它实际表示的十制数相当于（　　）。

　　A. 3　　　　　　　B. 4　　　　　　　C. 5　　　　　　　D. 6

149. 1001 是 8421BCD 码，它实际表示的十制数相当于（　　）。

　　A. 3　　　　　　　B. 10　　　　　　　C. 9　　　　　　　D. 8

150. 以下哪款芯片是字符显示译码器？（　　）

　　A. CD4543　　　　B. CD4017　　　　C. 74LS160　　　　D. 74LS00

151. 以下哪款芯片是计数器？（　　）

　　A. CD4543　　　　B. CD4017　　　　C. 74LS160　　　　D. 74LS00

152. 计数器计的是（　　）的个数。

　　A. 秒　　　　　　B. 分　　　　　　C. 小时　　　　　　D. 脉冲

153. 74LS160 是（　　）计数器。

　　A. 二进制　　　　B. 八进制　　　　C. 十进制　　　　D. 十六进制

154. 74LS160 是（　　）计数器。

　　A. 加法　　　　　B. 减法　　　　　C. 可逆　　　　　D. 以上都不是

155. 如图 C.52 所示，数码管显示的数字为"9"，则 CD4543 的输出 $abcdefg$＝（　　）。

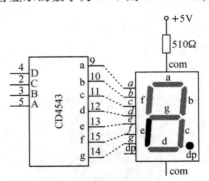

图 C.52　题 155 图

　　A. 0001111　　　　B. 1111011　　　　C. 0000100　　　　D. 1110000

156. 如图 C.52 所示，若数码管显示的数字为"9"，则 CD4543 的输入 $DCBA$＝（　　）。

　　A. 1001　　　　　B. 0110　　　　　C. 1100　　　　　D. 0011

157. 如图 C.52 所示，若输入 $DCBA$＝0100，则数码管显示的数字是（　　）。

　　A. 3　　　　　　　B. 4　　　　　　　C. 5　　　　　　　D. 6

158. 如图 C.52 所示，若输入 $DCBA=0101$，则数码管显示的数字是（　　）。

    A. 4　　　　　　　B. 6　　　　　　　C. 5　　　　　　　D. 7

159. 如图 C.52 所示，若输入 $DCBA=1010$，则数码管显示的是（　　）。

    A. 10　　　　　　B. A　　　　　　　C. 5　　　　　　　D. 黑屏

160. 如图 C.53 所示，CD4543 集成芯片第 1 脚功能是（　　）。

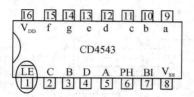

图 C.53　题 160 图

    A. 相位转换控制端　　　B. 灭灯端　　　C. 锁存端　　　　D. 清零端

161. 如图 C.53 所示，CD4543 集成芯片第 7 脚功能是（　　）。

    A. 相位转换控制端　　　B. 灭灯端　　　C. 锁存端　　　　D. 清零端

162. 如图 C.53 所示，CD4543 集成芯片第 6 脚功能是（　　）。

    A. 相位转换控制端　　　B. 灭灯端　　　C. 锁存端　　　　D. 清零端

163. 图 C.52 为数码管显示原理图，其中 CD4543 的功能是（　　）。

    A. 译码　　　　　　B. 计数　　　　　　C. 触发　　　　　　D. 移位

164. 如图 C.54 所示，74LS160 集成芯片第 1 脚的功能是（　　）。

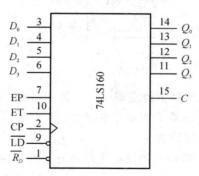

图 C.54　题 164 图

    A. 同步清零　　　　B. 异步清零　　　　C. 同步置数　　　　D. 异步置数

165. 如图 C.54 所示，74LS160 集成芯片第 9 脚的功能是（　　）。

    A. 同步清零　　　　B. 异步清零　　　　C. 同步置数　　　　D. 异步置数

166. 若 74LS160 处于计数状态，初始值 $Q_3Q_2Q_1Q_0=0001$，则经过 3 个上升沿脉冲后，其输出 $Q_3Q_2Q_1Q_0$ 的状态变化为（　　）。

    A. 0001　　　　　　B. 0010　　　　　　C. 0011　　　　　　D. 0100

167. 若 74LS160 处于计数状态，初始值 $Q_3Q_2Q_1Q_0=1000$，则经过 2 个上升沿脉冲后，其输出 $Q_3Q_2Q_1Q_0$ 的状态是（　　）。

    A. 1010　　　　　　B. 0010　　　　　　C. 0001　　　　　　D. 0000

168. 如图 C.55 所示，若输入 $D_3D_2D_1D_0=0001$，则仿真后数码管显示的数字范围是（   ）。

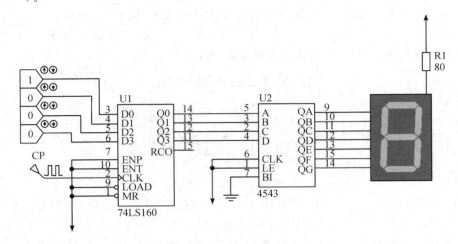

图 C.55　题 168 图

A. 0～9　　　　　　B. 1～9　　　　　　C. 1～8　　　　　　D. 0～8

169. 如图 C.56 所示，该 NE555 定时器组成电路的名称为（   ）。

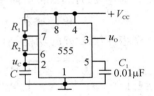

图 C.56　题 169 图

A. 多谐振荡器　　　B. 单稳态触发器　　C. 施密特触发器　　D. 示波器

170. 如图 C.56 所示，NE555 的第 3 脚输出的波形为（   ）。

A. 三角波　　　　　B. 矩形波　　　　　C. 正弦波　　　　　D. 方波

171. 如图 C.56 所示，NE555 的第 3 脚输出矩形波脉冲的周期为（   ）。

A. $T=0.7(R_1+R_2)C$　　　　　　　　B. $T=0.7R_1C$

C. $T=0.7R_2C$　　　　　　　　　　　D. $T=0.7(R_1+2R_2)C$

172. 如图 C.56 所示，若电阻 $R_1=1\,\text{k}\Omega$，$R_2=13\,\text{k}\Omega$，$C=0.1\,\mu\text{F}$，则该 NE555 第 3 脚输出矩形波脉冲的频率约为（   ）Hz。

A. 529　　　　　　　B. 460　　　　　　　C. 680　　　　　　　D. 349

173. 在如图 C.57 所示的简易电子琴电路中，当开关 S7 按下，555 定时器放电时，等效电阻为（   ）kΩ。

A. 11　　　　　　　B. 10　　　　　　　C. 1　　　　　　　D. 3

174. 如图 C.57 所示，电容 C_3 的大小为（   ）μF。

A. 47　　　　　　　B. 4.7　　　　　　　C. 0.47　　　　　　D. 470

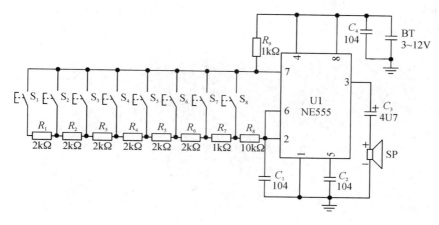

图 C.57　题 173 图

175. 如图 C.57 所示，电容 C_1 的大小为（　　）μF。

　　A. 0.01　　　　　　B. 1　　　　　　　C. 0.1　　　　　　D. 10

176. 如图 C.57 所示，电容 C_4 的作用是（　　）。

　　A. 旁路　　　　　　B. 退耦　　　　　　C. 滤波　　　　　　D. 谐振

177. 如图 C.57 所示，当开关 S_8 按下时，NE555 第 3 脚输出的矩形波频率约为（　　）Hz。

　　A. 461　　　　　　B. 621　　　　　　　C. 523　　　　　　D. 680

178. 关于简易电子琴电路，下列说法中正确的是（　　）。

　　A. 焊接前，不需要观察 PCB 是单面板还是双面板

　　B. 焊接电阻时，不需要区分电阻的正负极，焊接时电阻尽量紧贴 PCB

　　C. 焊接集成芯片时，不需要焊接保护性芯片底座

　　D. 焊接电容时，不需要区分电容正负极

179. 关于简易电子琴电路原理，下列说法中不正确的是（　　）。

　　A. 要想发出不同的音调，首先需产生不同频率的矩形波信号

　　B. NE555 构成多谐振荡器，用于产生矩形波信号

　　C. 产生不同频率的矩形波信号，是依靠改变电容的大小得到的

　　D. 产生矩形波信号后，通过扬声器会发出不同的音调

180. 如图 C.58 所示，圆圈处表示的元器件为（　　）。

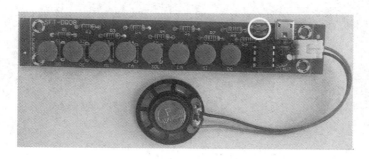

图 C.58　题 180 图

A. 电阻   B. 电容   C. 底座   D. 按键

181. 如图 C.59 所示，圆圈处表示的元器件为（   ）。

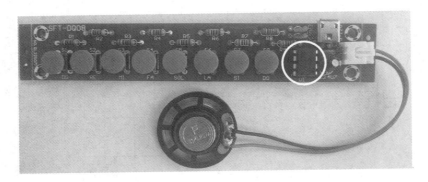

图 C.59   题 181 图

A. 电阻   B. 电容   C. 底座   D. IC

182. 如图 C.60 所示，圆圈处表示的元器件为（   ）。

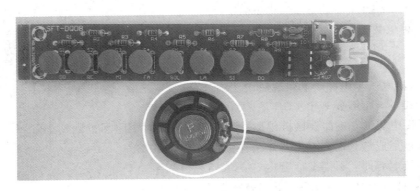

图 C.60   题 182 图

A. 喇叭   B. 电容   C. 按键   D. IC

183. 如图 C.61 所示，圆圈处表示的元器件为（   ）。

图 C.61   题 183 图

A. 喇叭   B. 电容   C. 按键   D. IC

184. 如图 C.62 所示，圆圈处表示的元器件为(　　)。

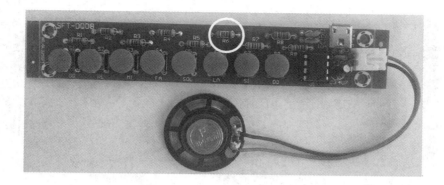

图 C.62　题 184 图

　　A. 电阻　　　　　　　B. 电容　　　　　　C. 底座　　　　　　D. IC

185. 如图 C.63 所示，圆圈处表示的元器件为(　　)。

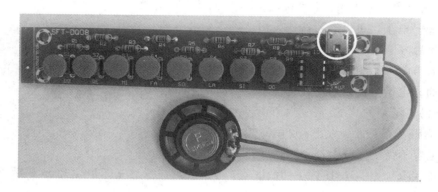

图 C.63　题 185 图

　　A. 电阻　　　　　　　B. 排针　　　　　　C. 针座　　　　　　D. MicroUSB

186. 如图 C.64 所示，圆圈处表示的元器件为(　　)。

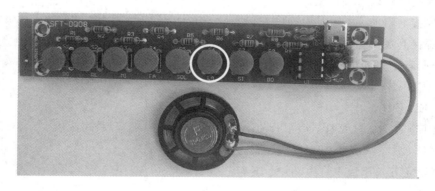

图 C.64　题 186 图

　　A. 电阻　　　　　　　B. 按键　　　　　　C. 针座　　　　　　D. 电容

187. 如图 C.65 所示，以下不属于该电路的元器件是（　　）。

图 C.65　题 187 图

　　A. 电阻　　　　　　B. 电容　　　　　　C. 针座　　　　　　D. 二极管

188. 关于简易电子琴电路，下列说法中不正确的是（　　）。

　　A. 简易电子琴可以通过按键发出 8 种不同的音调

　　B. 简易电子琴可以进行自主设计，增加一些音调

　　C. 简易电子琴能发出不同音调，关键在于电容大小的改变

　　D. 简易电子琴可以通过按键弹奏简易曲子

189. 在简易电子琴的装配过程中，下列说法中正确的是（　　）。

　　A. 电阻不需要区分大小，可随意焊接

　　B. 电容不需要区分大小和极性，可随意焊接

　　C. 焊接 IC 时，需焊接保护性的底座，焊接时需注意底座凹槽与 PCB 凹槽对齐

　　D. 插接 IC 时，不需要区分方向性

190. 关于七彩炫光五角星流水灯的装配过程，下列说法中正确的是（　　）。

　　A. 焊接 LED 时可以随意焊接，无需区分正负极

　　B. 焊接时可以直接焊接芯片

　　C. 焊接电阻前，应用万用表先进行测量，确保无误后再焊接

　　D. 焊接开关时，不用区分开关手柄的方向性

191. 关于七彩炫光五角星流水灯电路现象，以下说法中正确的是（　　）。

　　A. LED 只亮一次

　　B. LED 只亮二次

　　C. LED 点亮方式多样，由单片机 STC15F204EA 内部程序设定

　　D. LED 只亮三次

192. 七彩炫光五角星流水灯电路中，下列电压能正常点亮一个 LED 的是（　　）。

　　A. 1 V　　　　　　B. 2 V　　　　　　C. 0.5 V　　　　　　D. 5 V

193. 如图 C.66 所示，若需点亮发光二极管 D_1 和 D_2，则 P12 应接（　　）。

　　A. 1　　　　　　B. 0　　　　　　C. 1 或 0　　　　　　D. 高电平

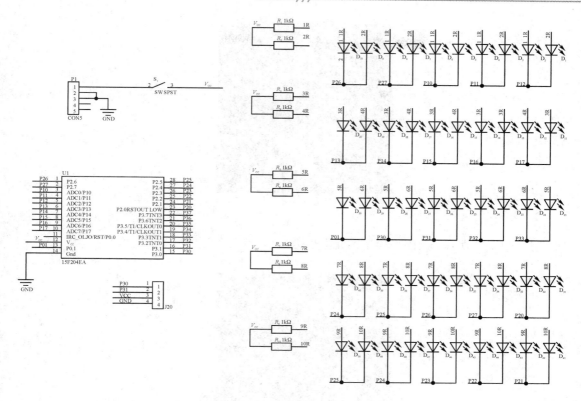

图 C.66 题 193 图

194. 如图 C.66 所示，若 P17～P10＝01010101，则下列 LED 会点亮的是（ ）。

A. D_1 B. D_{15} C. D_6 D. D_{17}

195. 如图 C.67 所示，圆圈处表示的元器件为（ ）。

图 C.67 题 195 图

A. 电阻   B. 二极管   C. 开关   D. 芯片

196. 如图 C.68 所示，圆圈处表示的元器件为（ ）。

A. 电阻   B. 二极管   C. 开关   D. 芯片

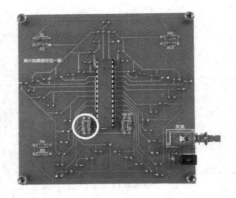

图 C.68　题 196 图

197. 如图 C.69 所示，圆圈处表示的元器件为（　　）。

图 C.69　题 197 图

A. 开关　　　　　　B. LED　　　　　　C. DC 插座　　　　　D. 芯片

198. 如图 C.70 所示，圆圈处表示的元器件为（　　）。

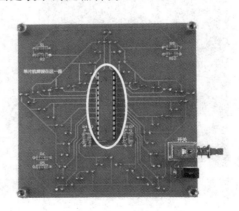

图 C.70　题 198 图

A. 电阻　　　　　　B. LED　　　　　　C. 二极管　　　　　D. 芯片

199. 如图 C.71 所示，圆圈处表示的元器件为（　　）。

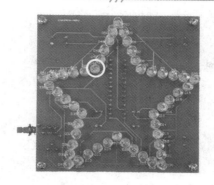

图 C.71　题 199 图

  A. 电阻　　　　　　　B. LED　　　　　　C. 二极管　　　　　　D. 芯片

200. 关于电子幸运转盘电路，下列说法中正确的是(　　)。

  A. 电子幸运转盘电路接上电源，即可自动旋转

  B. 电子幸运转盘电路中 10 只 LED 同时显示

  C. 电子幸运转盘中 CD4017 作为脉冲分配器使用

  D. 电子幸运转盘中 NE555 的作用为产生正弦波

201. 关于电子幸运转盘电路，下列说法不正确的是(　　)。

  A. 电子幸运转盘电路中 NE555 产生矩形波脉冲，供 CD4017 使用

  B. 电子幸运转盘电路若开关 S_1 断开后，三极管 T_1 不会立即截止

  C. 电子幸运转盘电路中使用的三极管为小功率 PNP 三极管

  D. 电子幸运转盘中若开关 S_1 闭合后，电源给电容 C_1 充电，待开关 S_1 断开后，C_1 上
的电压作为三极管的导通偏置电压

202. 如图 C.72 所示，NE555 的作用是产生(　　)。

  A. 矩形波　　　　　B. 正弦波　　　　　C. 三角波　　　　　D. 方波

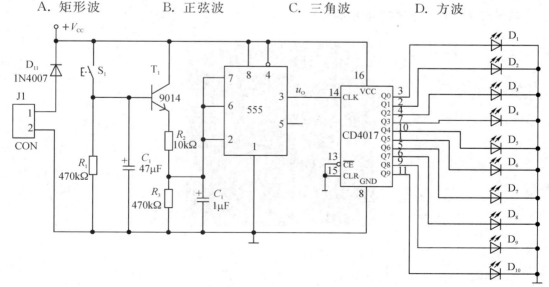

图 C.72　题 202 图

203. 如图 C.72 所示，D_{11} 所代表的元器件是（　　）。

　　A. 三极管　　　　　B. 二极管　　　　　C. LED　　　　　D. IC

204. 如图 C.72 所示，$D_1 \sim D_{10}$ 所代表的元器件是（　　）。

　　A. 三极管　　　　　B. 二极管　　　　　C. LED　　　　　D. IC

205. 如图 C.72 所示，T_1 所代表的元器件是（　　）。

　　A. 三极管　　　　　B. 二极管　　　　　C. LED　　　　　D. IC

206. 如图 C.72 所示，CD4017 中 15（CLR）引脚的功能是（　　）。

　　A. 清零　　　　　B. 置数　　　　　C. 脉冲输入端　　　D. 计数

207. 电子幸运转盘电路中集成芯片 CD4017 的作用是（　　）。

　　A. 计数　　　　　B. 移位　　　　　C. 触发　　　　　D. 脉冲分配

208. 如图 C.73 所示，圆圈处表示的元器件为（　　）。

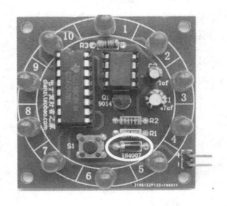

图 C.73　题 208 图

　　A. 电阻　　　　　B. 电容　　　　　C. 二极管　　　　　D. 芯片

209. 如图 C.74 所示，圆圈处表示的元器件为（　　）。

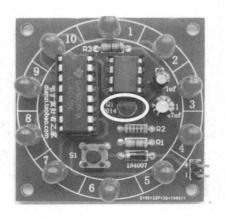

图 C.74　题 209 图

　　A. 电阻　　　　　B. 三极管　　　　　C. 二极管　　　　　D. 芯片

210. 如图 C.75 所示，圆圈处表示的元器件为（　　）。

图 C.75　题 210 图

　　A. LED　　　　　　B. 三极管　　　　　C. 电容　　　　　D. 芯片

211. 如图 C.76 所示，圆圈处表示的元器件为（　　　）。

图 C.76　题 211 图

　　A. LED　　　　　　B. 三极管　　　　　C. 电容　　　　　D. 芯片

212. 如图 C.77 所示，圆圈处表示的元器件为（　　　）。

图 C.77　题 212 图

　　A. LED　　　　　　B. 三极管　　　　　C. 电容　　　　　D. 电阻

213. 如图 C.78 所示，圆圈处表示的元器件为（　　）。

图 C.78　题 213 图

A. 电阻　　　　　　B. IC　　　　　　C. 二极管　　　　D. 电容

214. 如图 C.79 所示，圆圈处表示的元器件为（　　）。

图 C.79　题 214 图

A. 排针　　　　　　B. IC　　　　　　C. 杜邦线　　　　D. 电容

215. 在智能循迹小车电路中，关于光敏电阻，以下说法中正确的是（　　）。

A. 光敏电阻和普通电阻一样，没什么区别

B. 光敏电阻阻值随光照的变化阻值不变

C. 光敏电阻阻值根据不同强度的光照，阻值会发生变化

D. 光敏电阻引脚有正负极

216. 如图 C.80 所示，该元器件表示的是（　　）。

图 C.80　题 216 图

A. 二极管　　　　　B. 光敏电阻　　　　C. 电容　　　　　D. LED

217. 如图 C.81 所示，该元器件表示的是（　　　）。

图 C.81　题 217 图

A. 电位器　　　　　B. 电阻排　　　　　C. 二极管　　　　　D. 电容

218. 如图 C.82 所示，M_1 和 M_2 所代表的元器件是（　　　）。

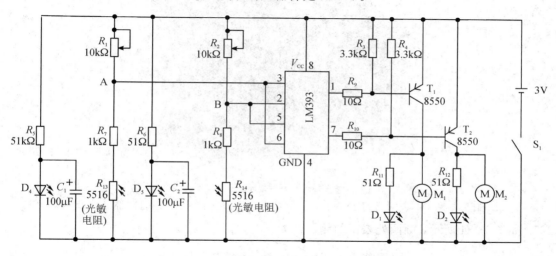

图 C.82　题 218 图

A. 光敏电阻　　　　B. 三极管　　　　　C. LED　　　　　D. 直流减速电机

219. 如图 C.82 所示，R_{13} 和 R_{14} 所代表的元器件是（　　　）。

A. 光敏电阻　　　　B. 三极管　　　　　C. LED　　　　　D. 直流减速电机

220. 如图 C.82 所示，LM393 芯片的作用是（　　　）。

A. 电压比较　　　　B. 脉冲分配　　　　C. 电流分压　　　　D. 存储电荷

221. 如图 C.82 所示，当开关 S_1 闭合后，若光敏电阻 R_{13} 光照增强，则 A 点的电位
（　　　）。

A. 增大　　　　　　B. 减小　　　　　　C. 不变　　　　　　D. 无法判断

222. 如图 C.82 所示，当开关 S_1 闭合后，若 A 点的电位比 B 点的电位高，则 LM393 芯片
的第 1 脚输出（　　　）。

A. 高电平　　　　　B. 低电平　　　　　C. 保持不变　　　　D. 无法判断

223. 如图 C.82 所示，当开关 S_1 闭合后，若 LM393 芯片第 1 脚输出为高电平，则三极管

T₁ 的工作状态为(　　)。

  A. 导通   B. 截止   C. 放大   D. 无法判断

224. 如图 C.82 所示,当开关 S₁ 闭合后,若三极管 T₁ 导通,T₂ 截止,则下列说法正确的是(　　)。

  A. 直流电机 M₁ 和 M₂ 均停止   B. 直流电机 M₁ 停止,M₂ 运行

  C. 直流电机 M₁ 运行,M₂ 停止   D. 直流电机 M₁ 和 M₂ 均运行

225. 如图 C.82 所示,当开关 S₁ 闭合后,若三极管 T₁ 截止,T₂ 导通,则下列说法正确的是(　　)。

  A. D₃ 和 D₄ 均点亮   B. D₃ 点亮,D₄ 熄灭

  C. D₃ 熄灭,D₄ 点亮   D. D₃ 和 D₄ 均熄灭

226. 如图 C.83 所示,圆圈处表示的元器件为(　　)。

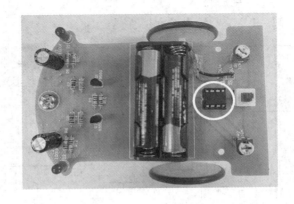

图 C.83　题 226 图

  A. 电阻   B. LED   C. 电容   D. 芯片

227. 如图 C.84 所示,圆圈处表示的元器件为(　　)。

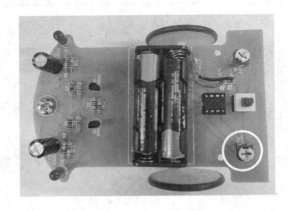

图 C.84　题 227 图

  A. 电容   B. 电位器   C. 发光二极管   D. 三极管

228. 如图 C.85 所示,圆圈处表示的元器件为(　　)。

图 C.85　题 228 图

    A. 电容　　　　　　　B. 电位器　　　　　　C. 发光二极管　　　D. 三极管

229. 如图 C.86 所示，圆圈处表示的元器件为(　　)。

图 C.86　题 229 图

    A. 自锁开关　　　　　B. 电位器　　　　　　C. 按键　　　　　　D. 针座

230. 如图 C.87 所示，圆圈处表示的元器件为(　　)。

图 C.87　题 230 图

    A. 电容　　　　　　　B. 电位器　　　　　　C. 发光二极管　　　D. 三极管

231. 如图 C.88 所示，圆圈处表示的元器件为(　　)。

    A. 电容　　　　　　　B. 电位器　　　　　　C. 电阻　　　　　　D. 二极管

图 C.88　题 231 图

232. 如图 C.89 所示，圆圈处表示的元器件为（　　）。

图 C.89　题 232 图

　　A. 电容　　　　　　B. 电位器　　　　　　C. 电阻　　　　　　D. 发光二极管

233. 如图 C.90 所示，圆圈处表示的元器件为（　　）。

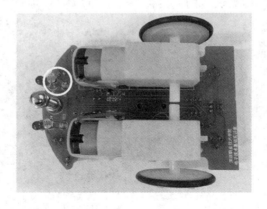

图 C.90　题 233 图

　　A. 电容　　　　　　B. 光敏电阻　　　　　　C. 电阻　　　　　　D. 发光二极管

234. 如图 C.91 所示，圆圈处表示的元器件为（　　）。

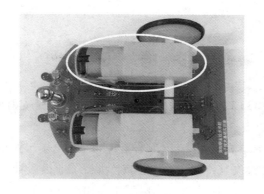

图 C.91　题 234 图

    A. 万向前轮　　　　B. 光敏电阻　　　　C. 直流减速电机　　D. 发光二极管

235. 关于智能循迹小车，下列说法正确的是(　　)。

    A. 小车安装完成后，放入黑色轨道即可循迹行驶

    B. 若小车右电机转动，小车向右行驶

    C. 若小车左电机转动，小车向左行驶

    D. 小车安装完成后，需经过调试，小车才能沿着黑色轨道自动行驶

《电子技术基本技能实训》题库参考答案

1—40　ACCCA　DDCCB　DADCA　ABCDB　ACDAD　BCADA　BDCDB　BBBAD

41—80　ADABC　ABBDA　BBABA　CDDBA　BCDAC　DABDA　DCCDB　ACBDA

81—120　ADACA　DCDBC　ADBCD　AADAC　BDABC　DBCDC　BADBA　BCCCD

121—160　ADBBC　DCABB　ACABB　DBBAB　ABDDB　BBDCA　CDCAC　ABCDC

161—200　BAABC　DDAAB　DAABC　BDBCB　DABAD　BDCCC　CBBBC　ACDBC

201—235　CABCA　ADCBA　CDBAC　BADAA　BABCC　DBDAA　CDBCD

参 考 文 献

［1］ 熊建平. 基于 PROTEUS 电路及单片机仿真教程. 西安：西安电子科技大学出版社，2013.

［2］ 周灵彬. 基于 Proteus 的电路与 PCB 设计. 北京：电子工业出版社，2010.

［3］ 张军. 电子元器件检测与维修大全. 北京：机械工业出版社，2017.

［4］ 陈强. 电子产品设计与制作. 北京：电子工业出版社，2021.

［5］ 张红琴，王云松. 电子工艺与实训. 北京：机械工业出版社，2019.

［6］ 张仁朝，张茂贵. 电子技术基础实训. 广州：暨南大学出版社，2021.

［7］ 张永枫. 电子技能实训教程. 西安：西安电子科技大学出版社，2019.

［8］ 刘守义，张永枫. 应用电路分析(修订版). 西安：西安电子科技大学出版社，2001.

［9］ 陈梓城. 模拟电子技术基础. 北京：高等教育出版社，2021.